Guido Pagliarino

CREACIÓN Y EVOLUCIÓN

Copyright © 2017 Guido Pagliarino

All rights reserved

Book published by Tektime

Guido Pagliarino
Creación y evolución
Una comparación entre Evolucionismo teísta, Darwinismo casualista y Creacionismo
Ensayo
Traducción del italiano al español de Mariano Bas
Publicado en lengua española en formatos electrónicos y libro en papel de Tektime
1ª edición italiana, en formato papel y diversos formatos electrónicos, Copyright © 2011-2012 Edizioni GDS (fuera de catálogo desde 2013)
2ª edición italiana, actualizada por el autor con los últimos datos, en formato electrónico, Copyright © 2014 Guido Pagliarino
Desde 2103, los derechos sobre esta obra, literarios, cinematográficos, televisivos, de radio, Internet y relacionados con cualquier otro medio de comunicación han vuelto y pertenecen al autor, en todo el mundo.

Índice

Breve prólogo del autor... *1*

En la base de todo, hay un acto de fe... *5*

Entornos cristianos protestantes... *7*

Entornos cristianos católicos... *8*

Entornos cristianos ortodoxos.. *8*

Entornos hebreos.. *9*

Entornos islámicos... *10*

Nociones históricas de las teorías evolutivas.. *27*

Nociones de las acusaciones de los ateos contra Dios........................... *59*

Filosofía, ideología e investigación científica....................................... *69*

Discusiones a veces inútiles.. *73*

Sobre el creacionismo-fijismo... *87*

Sobre la teoría de la evolución a saltos o del equilibrio puntuado........ *93*

Pareceres de algunos de los últimos papas... *97*

Sobre dos grandes teólogos evolucionistas cristianos del siglo XX:
Rahner y Teilhard de Chardin.. *119*

Una perspectiva grandiosa: la divinización del singular Homo sapiens
sapiens... *165*

Breve prólogo del autor

En mi opinión no es posible, a causa de la visión personal ontológica del mundo, que ningún oyente o lector o bien autor de conferencias o ensayos sobre el argumento de la *persona*, ya sea creyente, agnóstico o ateo, sea del todo objetivo, aunque tenga esa intención. Hay quien afirma lo contrario para sí. Puede darse el caso, pero en las conversaciones sobre el ser humano no he conseguido advertir nunca una completa objetividad en el interlocutor y naturalmente tampoco en mí.

Una cosa es segura: que sobre los temas del creacionismo, el evolucionismo creyente (en el cual declaro situarme desde ahora) y del evolucionismo agnóstico-ateo (darwinismo en sentido propio) florecen prejuicios e imprecisiones. Por ejemplo, se oye pronunciar los términos «evolucionismo» y «darwinismo» como si fueran sinónimos, aunque las teorías evolucionistas son múltiples: presentaré en el segundo capítulo un rápido y breve apunte histórico. Antes me referiré, sin embargo, a ese acto de pura fe existencial que, todos, incluidos los ateos, cumplen en la vida y me referiré a la situación de las diversas corrientes religiosas con respecto a la teoría de la evolución: me entretendré un poco con la situación en el Islam, porque la considero la menos conocida, pero con la invitación a pasarla por alto si no interesa esta argumentación. Trataré después el significado del término «azar» y me referiré en un breve capítulo a las acusaciones más comunes contra Dios de los ateos tanto de ayer como de hoy. Recordaré en el cuarto capítulo que la base de la investigación científica es siempre una postura filosófica y a veces también teológica o incluso visceralmente ideológica. Pasaré luego al creacionismo y a sus argumentaciones que, fuera de los círculos fundamentalistas, no consisten en referencias bíblicas, sino en consideraciones científicas. Volveré al evolucionismo y en particular a la teoría del equilibrio puntuado, que resulta ser combatida por los creacionistas y vista sin embargo con simpatía por los evolucionistas, creyentes o no. Presentaré a continuación las opiniones sobre la evolución de algunos de los últimos papas desde la mitad del siglo XX, refiriéndome posteriormente a la antropología de los dos teólogos evolucionistas más notables del siglo XX y acabaré con la entusiasmante perspectiva, según los creyentes, de la divinización del hombre: no como especie *Homo sapiens sapiens*, como querría cierta teología, sino como ser humano singular, gracias a lo que se podría llamar, por semejanza, *la evolución del corazón*.

Guido Pagliarino

Guido Pagliarino

Creación y evolución

Una comparación entre
Evolucionismo teísta,
Darwinismo casualista
y Creacionismo

Ensayo

1
En la base de todo, hay un acto de fe

Mundo real y solipsismo

En la base de todas las opciones humanas está la decisión entre considerarse parte de un mundo objetivo y cognoscible gracias a la experiencia y la razón o considerarse el mundo mismo, o cuando menos un mundo completamente separado y no comunicable con otros posibles, siguiendo la filosofía solipsista, según la cual solo existiría objetivamente el propio yo, la consciencia propia, de la cual todo derivaría en una especie de proyección, en la más absoluta soledad, de manera similar a lo que se produce en los sueños nocturnos. La opción elegida por la inmensa mayoría de los seres humanos y de todos los científicos es la de la existencia de un mundo real en el que se vive y se puede investigar y eso es instintivo en la gran mayoría de los casos. Sin embargo no es posible demostrar la veracidad del realismo y la falsedad del solipsismo o, por el contrario, de la falsedad del primero y la veracidad del segundo según el cual tanto la realidad ilusoria como los sueños aparentes son solo una mera creación del ego. Por tanto todos, también quienes condenan la fe religiosa porque no es susceptible de experimentación, toman una decisión inicial de simple fe, sobre la que se basa todo el resto, incluida la teoría científica evolucionista teísta o atea. Me parece que esto basta para convertir en insignificante y hasta un poco ridículo el tesón con el que algunos se burlan de la fe trascendente.

Mundo real y fe religiosa

Quien además de la fe en la existencia de un mundo real acepta una fe religiosa se encuentra, después de la aparición de la teoría evolucionista (véase el capítulo siguiente) teniendo que escoger entre enfrentarse al universo desde una óptica creacionista o evolucionista. Las posturas son distintas no solo de acuerdo con la religión abrazada, sino que, en cada una, también dependen de la corriente en la que se sitúe el fiel, como por ejemplo en las diversas asambleas de los cristianos protestantes y las corrientes tradicionalista y progresista de los cristianos católicos.

Sin embargo, para la iglesia católica, con sus mil millones de fieles sobre un total de aproximadamente 2.100 millones de cristianos sobre la Tierra, la situación es peculiar, al estar organizada jerárquicamente para que los pronunciamientos del magisterio de Roma se dirijan hacia todos los católicos.

Entornos cristianos protestantes

En lo que se refiere a los entornos cristianos, es sobre todo en las asambleas protestantes donde se encuentra la defensa más entusiasta del creacionismo y la firme negación de las mutaciones biológicas, mientras que solo una minoría de católicos es creacionista. En general, cerca del 40% de la población cristiana de Estados Unidos interpreta de modo integrista la historia del Génesis de la creación de Adán con barro del suelo. Los antievolucionistas estadounidenses son poderosos y están apoyados directamente por los políticos y el Institute for Creation Research, que también goza de fuertes apoyos; así, por ejemplo, ciertas bibliotecas públicas de ese país no contienen libros evolucionistas, mientras que múltiples padres fundamentalistas sacan a sus hijos de las escuelas en las que se enseña la teoría de la evolución en las clases de biología. También el creacionismo tiene fuerza en Europa: por ejemplo en Reino Unido escuelas confesionales protestantes han eliminado el evolucionismo de sus programas. Por el contrario, este se considera un objeto digno de estudio para la mayoría de los fieles católicos europeos.

Entornos cristianos católicos

Desde el año 1950, la hipótesis evolucionista, aunque no la mecanicista atea, es considerada lícita por el magisterio de la Iglesia, con la encíclica *Humani generis* del Papa Pío XII. La teoría evolucionista se juzgó posteriormente no solo compatible con la fe cristiana sino que incluso fue considerada con mucho interés por interés por el Papa Juan Pablo II, que la valoró, no como una simple hipótesis junto a la creacionista, como había hecho el Pontífice Pío XII, sino como una teoría bien corroborada por pruebas. Incluso su sucesor, Benedicto XVI, mostró una atención positiva hacia el evolucionismo, como expresó en una homilía difundida internacionalmente durante una visita a Alemania y como, por otro lado, ya se pronunciaba en uno de sus trabajos sobre el padre teólogo evolucionista Pierre Teilhard de Chardin, cuando el Pontífice, ahora Papa Emérito, era solo el profesor Ratzinger. Examinaré esas posturas más a fondo en el capítulo 8, «Pareceres de algunos de los últimos papas».

Entornos cristianos ortodoxos

En las asambleas ortodoxas no encontramos posiciones oficiales sobre el evolucionismo, solo la afirmación genérica de que la verdadera ciencia no debe exceder de su territorio entrando en el de la fe y quienquiera que use la investigación para negar las verdades cristianas se pone no solo en contra de la fe, sino en contra de toda verdad: me parece de hecho una crítica a ciertos darwinistas radicales anticlericales.

Entornos hebreos

Entre las religiones llamadas «del Libro», además la primera en el tiempo, la hebrea, en la que no hay una autoridad religiosa después de la destrucción del Templo en el año 70 y el fin del llamado judaísmo,[1] no adopta ninguna postura oficial sobre el evolucionismo. Como mucho se trata de opiniones personales de rabinos individuales y, en general, de estudiosos de la Biblia. Por otro lado es imborrable en el recuerdo de la Shoah en el pueblo judío, no solo el hecho de que esta incluyera entre sus propias bases el sadismo psicótico y otras alteraciones mentales supremacistas de Hitler y sus esbirros, sino también el llamado darwinismo social que pretendían que se aplicaba no solo a animales y plantas, sino a los seres humanos mediante eugenesia. El darwinismo social ya antes del dictador había sido aceptado

---

[1] En relación con los siglos llamados del judaísmo se puede acudir a mi ensayo divulgativo, solo en italiano, publicado en e-book gratuito, en todos los formatos, *Il Vento dell'Amore, Un approccio storico alla progressiva Rivelazione di Dio-Amore nel Primo Testamento*; ver http://www.pagliarino.com/e-book_Il_Vento_dell'Amore.htm.

en ambientes intelectuales, y no solo en Alemania, sino en todo Occidente, incluso por personajes no sospechosos de antisemitismo como el antropólogo italiano de origen judío Cesare Lombroso. Sin embargo, en el nazismo, como es terriblemente evidente, el darwinismo social se extremó en las tristemente conocidas iniciativas de aniquilación de la comunidad judía y de otros pueblos, que el matarife y sus acólitos consideraban congénitamente inferiores, más allá de la verdadera ciencia y por simples razones ideológicas.

Entornos islámicos

En cuanto a la tercera religión del Libro, el Islam, en Occidente muchos piensan impulsivamente en un Islam creacionista monolítico, pero las posturas de los musulmanes no son en realidad únicas. La comunidad de creyente (la *umma*), que según estimaciones recientes agruparía mil millones y medio de fieles, sí que tiene un credo común en el mensaje del Corán del profeta Mahoma, pero constituye un firmamento de corrientes espirituales, de las cuales las tres principales son las de los suníes, los chiíes y los jariyíes y asimismo muchas subcorrientes. En realidad, los islamistas están dispersos por todo el mundo y son de muchas etnias y tradiciones históricas diferentes. Por tanto, las posturas sobre el evolucionismo pueden ser positivas o negativas, en ciertos casos indiferentes, según la comunidad de la que provengan y el nivel cultural del fiel individual.

Veamos estas posturas (quien no tenga suficiente interés puede pasar al apartado siguiente):

Un pocentaje no demasiado pequeño de los miembros de la *umma* acepta la teoría evolucionista. Al no haber jerarquía religiosa y faltando algún tipo de coordinación por parte de una autoridad central,[2] las posturas sobre creacionismo y evolucionismo, desde el punto de vista creyente, dependen como he dicho de la situación sociocultural de la persona y del país en el que vive. Según un estudio realizado en 1991 en 34 estados en parte islámicos,[3] resulta que solo el 1,8% de los egipcios, el 14% de los pakistaníes y el 25% de turcos, siendo este el estado musulmán más occidentalizado, están convencidos de que el evolucionismo es una idea fundamentada, mientras que en Kazajastán, país ya soviético que obtuvo la independencia de la URSS el 25 de octubre de 1990 y además ateo por imposición del anterior gobierno comunista, hasta el 72% de sus habitantes es evolucionista. Esto puede sugerir que en conjunto el Islam está más abierto al creacionismo que a la teoría evolucionista, a pesar del hecho de que el Corán (como

---
[2]Ver Gabriele Mandel, *Il Corano senza segreti* (Milán: Rusconi, 1991).
[3]Salman Hameed «Science and religion. Bracing for Islamic Creationism», *Science*, vol. 322, n° 5908 (12 de diciembre de 2008), pp. 1637-1638.

la Biblia, por otra parte) no está en contradicción con el evolucionismo creyente. Pero tal vez pese también el hecho de que en esos países, como en Occidente, muchos identifican, *tout court*, equivocándose, al evolucionismo con el darwinismo casualista y ateo (ver el capítulo siguiente). Los jefes religiosos islámicos saben que buena parte de los versículos del Corán es alegórica: se escribieron en un lenguaje ideal para que incluso los más sencillos entendieran lo esencial del mensaje, un poco como la cultura judía usaba la estructura del *midrash*, es decir, del cuento simbólico y el propio Jesús explicaba con parábolas. Por ejemplo, los maestros mahometanos no aceptan al pie de la letra el relato de la creación de Adán y Eva, «En realidad los hemos creado de barro viscoso» (Sura 37:11), ni la alegoría del Paraíso, tanto del Edén terrestre como el Jardín Eterno (que sustancialmente es el mismo Alá) tras la muerte, con sus metafóricos goces materiales, donde el fiel tendrá «Alivio, generosa provisión y un jardín de delicias» (Sura 56:89) y los guías religiosos islámicos interpretan del mismo modo el infierno, con su fuego y con sus torturas figuradas, en el que, siguiendo literalmente su letra, el extraviado recibirá «Un hospedaje de agua hirviendo y abrasarse en el *Yahim*» (Sura 56:93-94), un versículo tal vez influido por la misma fundición (*yahim*) o *lago de fuego* del Apocalipsis cristiano, así como por otro lado muchas de las suras han tenido presentes textos bíblicos o, notablemente, apócrifos cristianos.

Del símbolo como vínculo entre Dios y el hombre he escrito en su momento en otro ensayo.[4] Indico aquí de paso un resumen porque podría ser útil para entender mejor lo que he indicado con respecto a los versículos alegóricos del Corán y tal vez pueda servir en la comparación que haré más adelante entre evolucionismo teísta y creacionismo:

Adelanto que para el credo cristiano la resurrección de Jesucristo ha de entenderse no metafórica sino literalmente, so pena de faltar al mismo cristianismo, que se basa precisamente por antonomasia en la Resurrección, mientras que todo el resto es accesorio, aunque sea tan importante, con toda seguridad, como la enseñanza moral de Jesús con parábolas y ejemplos y como las profecías veterotestamentarias sobre el Mesías.

Aparte del caso de la resurrección real y no simbólica de Jesucristo, muchos pasajes bíblicos hablan útilmente del Dios inefable a través de la simbología, usando analogías y metáforas comprensibles, porque los paralelismos y relatos alegóricos se entienden más fácilmente en nuestra psicología al dirigirla al simbolismo. Además, se aprecia que las figuras metafóricas y analógicas bíblicas (y también en las coránicas) se entienden teniendo en cuenta

---
[4] *Il Dio col grembiule, la progressiva Rivelazione di Dio-Amore dall'Antico al Nuovo Testamento*, (Pozzuoli [Nápoles]: Lulu.com, 2007).

el étimo de la palabra y no el significado que nos es habitual: como indican los diccionarios etimológicos, la palabra símbolo deriva del verbo griego *syn-bállein*, es decir reunir: «Símbolo: del latín *symbolum* (contraseña), proveniente del griego *símbolon*, de la familia de *symbállô* (reunir) de *syn-* (junto) y *bállô* (lanzar)» (cf. Giacomo Devoto, *Avviamento alla etimologia italiana – Dizionario etimologico*, [Florencia: Le Monnier, 1968]). Ese significado se refiere a la costumbre en la Grecia antigua de dividir irregularmente un objeto en dos, de manera que el poseedor de una de las partes pudiera hacerse reconocer en caso de necesidad haciendo coincidir su trozo con el otro en manos ajenas. Si la realidad divina no es comprensible objetivamente por nuestra mente porque es eterna e infinita y no sabemos abarcar la inmensidad y solo con dificultad llegamos a entender un poco algo de la eternidad, confundiendo muchas veces al Ser inmutable con un tiempo que no tiene fin, pero que tiene un inicio, el conocer sin embargo, como pasa a menudo en la Biblia, el significante simbólico y el concepto divino que significa con respecto a una realidad verdadera aunque de por sí inabarcable, permite, por la manera en que está estructurada nuestra psicología, entender lo suficientemente a Dios como para poder aceptar la Revelación.

La situación de la *umma* con respecto al evolucionismo no es muy distinta de la de la Iglesia, en la cual también hay católicos creacionistas y católicos evolucionistas, mientras que ambas están alejadas de las situaciones de los entornos fundamentalistas y radicalmente creacionistas de cierto cristianismo protestante y del *paracristianismo* de los Testigos de Jehová en el que, también en el ámbito de los dirigentes, se encuentran integristas que siguen al pie de letra todos los versículos de la Biblia, sin distinción entre los históricos y los fabulosos-simbólicos. Esto favorece en Occidente la radicalización de la disputa entre creacionistas y evolucionistas.

> En relación con los Testigos de Jehová, me parece más preciso hablar de *paracristianos* y no de cristianos porque niegan esos pilares del cristianismo (o, si se prefiere, del fenómeno histórico-religioso que se califica con la palabra cristianismo) que son tanto la resurrección y la divinidad de Jesús como verdadero hombre, como la Trinidad: esta última palabra sobre todo que Dios en su Ser eterno e inmutable es también un verdadero hombre, «glorioso y espiritual», según las palabras de San Pablo, es decir el Cristo eterno llamado también el Hijo y esta segunda Persona es, tautológicamente, no solo humana, sino divina, mientras que al ser infinito el amor entre el Padre y el Hijo y por tanto lo que es infinito tiene, por definición, naturaleza divina, este Amor infinito es la tercera Persona, llamada Espíritu Santo.[5]

---

[5] A este repecto se puede acudir a mi ensayo *È Uomo* (Pozzuoli [Nápoles]:

A propósito de la apertura de hecho del Corán a la ciencia moderna y en particular a la teoría evolucionista, puede ser digno de atención lo que escribía y divulgaba en conferencias un experto occidental del mundo islámico, el médico y egiptólogo francés Maurice Bucaille (1920-1998), entonces al frente de la Clínica Quirúrgica de la Universidad de París y durante mucho tiempo médico de familia del rey Faisal de Arabia Saudita, donde empezó a interesarse a fondo por la religión islámica y su libro sagrado, por lo que en 1976 fue coautor con el escritor Alastair D. Pannell de un estudio sobre Biblia, Corán y ciencia.[6] Bucaille consideraba, aunque desde una óptica coránica y no científica, que la evolución había afectado indistintamente a todos los animales hasta los homínidos y con estos se habría producido una bifurcación fundamental y las mutaciones se habrían producido de manera distinta a lo largo de la rama de dichos homínidos, finalmente extintos, y a lo largo de la de los seres humanos. Bucaille precisaba, al tratar las relaciones entre Corán y ciencia, que con el segundo término se refería a una

---

Lulu.com, 2007), descatalogado en la edición en papel, pero disponible gratuitamente en e-book en pdf en la siguiente dirección: http://www.lulu.com/shop/guido-pagliarino/%C3%83%C2%A8-uomo-saggio-edizione-economica/ebook/product-17554412.html.

[6]Maurice Bucaille y Alastair D. Pannell *The Bible The Qur'an and Science. The Holy Scriptures Examined in the Light of Modern Knowledge* (Chicago: ABC International Group, 2003). [Publicado en España como *La Biblia, el Corán y la ciencia* (Madrid: Arias Montano, 1990)]

conciencia profundamente establecida y que el Corán era por excelencia un libro religioso y sin embargo para él en las suras se encuentran, en forma alegórica, muchas afirmaciones que parecen anticipaciones lejanas de la verdad científica hoy reconocida, aunque un hombre del siglo VII no habría podido entender esas referencias. Sin embargo hoy muchos islámicos tienen un conocimiento profundo, no solo del Corán, sino también de las ciencias naturales y las pueden entender bien. Con respecto al Big Bang, para este médico los versículos coránicos sobre la creación del mundo se podrían aplicar a la teoría moderna sobre la formación de del universo y de hecho en el Corán había datos relativos a la existencia una masa gaseosa única, es decir, cuyos principios estaban originalmente juntos y luego se separaban, como se puede ver tanto en la sura 41:11: «Y Dios se dirigió al cielo, que era humo», como en la sura 21:30: «¿Es que no han visto los infieles que los cielos y la tierra formaban un todo homogéneo y los separamos?» Los resultados del proceso de separación habrían sido múltiples mundos, una noción que Bucaille encontraba muchas veces en el Corán, como por ejemplo en la sura 1:2: «Alabado sea Alá, Señor del universo». Todo esto para él estaba de acuerdo con los conceptos científicos actuales sobre la existencia de una nebulosa primigenia y un proceso sucesivo de separación de los elementos de esa única masa, con la formación de las galaxias y, en estas, de estrellas originadoras de planetas. A propósito del origen de la vida, para Bucaille era importante la sura 21 en su versículo 30: «Y que sacamos del agua a todo ser viviente», afirmación que podía referirse, a su parecer, a la teoría moderna de que el origen de los seres vivos es acuático.

De las relaciones entre Corán y ciencia se ha ocupado también el posicólogo, poeta, pintor, grabador y ceramista, italiano, pero de ascendencia turco-afgana, Gabriele Mandel. También él ha escrito[7] que en las suras, junto a la recuperación de antiguos mitos y leyendas, encontramos descripciones metafóricas que se pueden referir modernamente a la teoría evolutiva, en la que Alá crea todos los animales del agua en fases sucesivas, haciéndolo exactamente como él lo quiere: «Y Alá creó todo ser vivo a partir de agua. Y de ellos unos caminan arrastrándose sobre su vientre, otros sobre dos patas y otros sobre cuatro. Alá crea lo que quiere. Es cierto que Alá tiene poder sobre todas las cosas» (sura 24:45) o donde se exhorta al fiel diciendo: «¿Pero qué os pasa que no podéis concebir grandeza en Alá cuando Él os creó en fases sucesivas?» (sura 71: 13-14).

Tal vez debido a la consciencia de los doctos expertos de la *umma* del carácter alegórico de muchas partes del Corán, desde hace tiempo no se han planteado discusiones

---

[7]Gabriele Mandel, *Il Corano senza segreti*.

entre evolucionistas y creacionistas musulmanes, ni, por otro lado, estos segundos han entrado en polémicas con nuestros científicos ateos. Estos últimos se han encontrado con un muro de indiferencia en el desdén general islámico hacia la sociedad occidental, considerada degenerada y enemiga de Dios. Solo cada cierto tiempo las teorías evolucionistas son objeto de discusión en los países islámicos. No es realmente una guerra, pero esto se expone con la modernización de las sociedades islámicas, como afirma un conocido profesor de origen iraní, Salman Hameed, del Hampshire College de Massachusetts, profundo conocedor del mundo islámico y estudioso del creacionismo y el evolucionismo en la *umma*. Se ha producido un caso de reacción creacionista en Turquía en la primavera de 2009, a pesar de que el país es el más avanzado en la vía de la modernización y, en este sentido, del estudio del evolucionismo: en el número de marzo de la revista *Ciencia y tecnología* (en turco *Bilim ve Teknik*), que debía contener un artículo conmemorativo de quince páginas sobre Darwin por el bicentenario de su nacimiento, se publicó en el último momento sin ese reportaje, sin ninguna explicación. Ha creado perplejidad en el entorno científico el hecho de que la revista estuviera financiada por una agencia del gobierno y de que el gobierno sea islámico, aunque no sea extremista. El hecho se difundió por el mundo a través de los medios de comunicación porque esa censura, o lo que se ha interpretado como tal en el mundo académico, ha llevado no solo a fuertes protestas de docentes e investigadores, sino a manifestaciones estudiantiles en las calles. Los adversarios islámicos de la teoría de la evolución dirigen sus dardos esencialmente al darwinismo, debido a su ateísmo y causalismo, que amenazan el credo religioso musulmán y la propia idea de la realidad de Alá.[8]

Igual que entre los cristianos creacionistas, entre los islámicos encontramos junto a personas sencillas personajes cultos, por ejemplo, el profesor universitario Seyyed Hossein Nasr.[9] El argumento más frecuente en sus investigaciones es el de la comparativa entre la ciencia y la fe religiosa y este ha escrito en particular sobre el significado de la ciencia en el ámbito de la religión musulmana. También se ha ocupado de la relación del hombre con la naturaleza, refiriéndose al punto de vista de las grandes figuras musulmanas del pasado y ha destacado la acción devastadora del hombre moderno sobre el medio ambiente; ha hablado de la crisis espiritual occidental debida a la secularización y finalmente se ocupado a fondo del darwinismo, llegando a considerarlo una simple creencia atea constitutiva del esqueleto de la ideología positivista

---

[8] Salman Hameed «Science and religion. Bracing for Islamic Creationism».
[9] El iraní Seyyed Hossein Nasr (1939) es profesor de estudios islámicos en la Universidad George Washington, además de metafísico, filósofo de la ciencia e investigador de religión comparada.

cientista imperante en Occidente desde el siglo XIX y ahora en plena difusión también fuera los confines occidentales.

Hay que señalar que, como la cultura islámica tiene en gran consideración a la ciencia y a los científicos, entre los biólogos hay muchos que aprovechan esa estima para defender la teoría a de la evolución a través de los medios de comunicación, la universidad y la escuela, apelando, algunos funcionalmente, otros con plena convicción religiosa, a versículos del Corán que, como hemos visto, leídos hoy parecerían presentar una vía para la hipótesis evolucionista. En primer lugar esos estudiosos se refieren a la afirmación coránica de que el origen de la vida está en el agua, para poder así hacer una comparación con el líquido *caldo primordial*, donde surgió la primera vida monocelular bacteriana, según la teoría de la evolución: la utilidad, si no la necesidad, de referirse a la religión indicaría, en mi opinión, que la situación de las investigaciones en los países musulmanes, o al menos en los más integristas, no es comparable a la total libertad de Occidente. Los evolucionistas de la *umma* se refieren también a los escritos de los filósofos medievales islámicos, por cuanto, si para el Islam Dios solo es representable alusivamente mediante metáforas y si los evolucionistas se refieren en primer lugar a las del Corán, dichas metáforas también están presentes en obras de pensadores estimados universalmente en el entorno islámico, cuyos escritos fueron compuestos en su mayor parte entre el siglo XI y el XIII. Entre los más citados por los evolucionistas mahometanos está el principal poeta y místico de todo el Islam, el persa Maulānā Gialāl al-Dīn (1207-1273),[10] conocido en Occidente como Rūmī, de la ciudad de Rūm, en Anatolia, donde transcurrió la mayor parte de su vida. Este afirmaba que el hombre provenía de muy lejos, pasando del reino de las cosas materiales no orgánicas al vegetal, luego al animal, cada vez sin recordar el estado precedente, hasta llegar a la condición humana, también sin conservar memoria de sus precedentes almas vegetativas, pero también añadía que el hombre le esperaba un estado angélico puramente espiritual.

> A pesar de su distinta vía y su diferente fe religiosa, puede venir a la cabeza a este respecto la teología del padre Pierre Teilhard de Chardin, del que hablaré en el capítulo 9, con su espiritualización final no solo del hombre, sino universal, a la que ese jesuita antropólogo y geólogo llamaba Cristosfera.

---

[10] De Maulānā Gialāl al-Dīn Rūmī se puede encontrar, traducido directamente del persa, *L'Essenza del Reale - Fîhi mâ fîhi (C'è quel che c'è)*, traducción, prólogo y notas de Sergio Foti, revisión de Gianpaolo Fiorentini, Turín, 1995.

Los evolucionistas islámicos se refieren también a su hijo, el gran maestro sufí, también poeta, Sultân Walad (1226-1318), autor de la obra *La palabra secreta*.[11]

El sufismo es una escuela esotérica del Islam dedicada a la investigación de la verdad espiritual, con el fin de comprender esta perfectamente y de elevarse a la visión de Alá gracias a ciertas práctica secretas especiales, entre las que estaban la música y la danza, que llevarían a la renuncia del propio yo. El primer grupo de sufistas píos nace casi contemporáneamente con el Islam, estando Mahoma todavía vivo. Todas las escuelas sufíes dispersas en muchos países, entre los cuales están los países islámico del norte de África, Turquía, Siria, Irán, India e Indonesia, tienen ese origen.

Sultân Walad, sobre la base de las ideas paternas y tal vez influido, como presumiblemente también su padre, por *Acerca del alma*, de Aristóteles, sostenía que de la materia se derivaba el alma vegetativa de los organismos y que luego Alá había añadido en el hombre la psique racional: «Los organismos vivientes han producido un alama animal. Por su gracia, Dios añadió la razón».[12] Igual que para el Corán, para

---

[11]Traducción en francés, *La parole secrète*, a cargo de Djamchid Mortazavi y Eva de Vitray-Meyerovitch (París: Editions du Rocher, 1988 y subsiguiente traducción al italiano del francés: *La parola segreta - L'insegnamento del maestro sufi Rûmî*, trad. de Norge Russo, revisión de Gianpaolo Fiorentini, Turín, 1993.
[12]*La parola segreta.*

este maestro todos los seres derivan del agua y además, según él, algún día volverían al agua original, porque la luz del sol de la belleza divina, escribía, habría fundido la nieve de la existencia que se escurriría como un arroyo: también aquí se puede apreciar cierta afinidad entre el agua primordial y el *caldo primordial* del evolucionismo moderno. Los evolucionistas se refieren también al norteafricano Ibn Jaldún (1332-1406),[13] considerado el máximo historiador y filósofo social árabe, además de gramático y jurisperito de derecho islámico: entre otras cosas observó puntos en común entre hombres y simios y también creía en una evolución de la especie desde el agua.

He dicho que Rūmī y Walad debían conocer a Aristóteles y haber sufrido su influencia. En general, el Islam juzgaba desde sus inicios que las improntas de la verdad divina también se encontraban en escritos sapienciales no mahometanos, tanto de filósofos orientales como en las obras científicas y filosóficas de la Grecia clásica y el posterior helenismo, que por tanto se traducían al árabe y el persa por eruditos musulmanes que posteriormente las comentaban. La traducción de los escritos griegos contribuyó a dirigir al Islam hacia el campo de la ciencia, siguiendo la tradición helénica,

---

[13]Ibn Jaldún esta traducido al francés en *Discours sur l'histoire universelle (al-Muqaddima)*, traducción, prólogo, notas e índice de Vincent Monteil (Beirut: Commissione Libanaise pour la traduction des chefs-d'oeuvre, 1968). El nombre completo de este filósofo era Walī al-Dīn Abd al-Rahmān ibn Muhammad ibn Muhammad ibn Abī Bakr Muhammad ibn al-Hasan al-Hahramī.

dentro de un área que abarcaba de la medicina a la astronomía y la geometría de base euclidea y pitagórica.

Por tanto, no es extraño que muchos musulmanes hoy vean con interés la teoría del origen de las especies. De cualquier manera, todo ha de compararse con la medida esencial del Corán, ya que no se encuentran científicos ateos en los países islámicos, los evolucionistas son creyentes y están convencidos de que no hay contradicción entre ciencia y fe. Ya que no solo los profesores universitarios, sino también los maestros de biología en las escuelas medias y superiores usan el Corán con el fin de explicar el origen de la vida y la evolución de las especies, se deduce que un porcentaje no pequeño de la población islámica de cultura media y superior es normalmente evolucionista, mientras que la mayoría, constituida por personas con poca o ninguna instrucción, es normalmente creacionista.

Discusiones sobre evolución en el Occidente cristiano (o antes cristiano)

Como apreciaremos mejor en otros capítulos y especialmente en el 5, es más bien el Occidente cristiano (o que lo era en su momento, considerando la conducta actual de buena parte de la población) el que asiste a discusiones e incluso a polémicas entre los no muchos fieles restantes y los darwinistas ateos que consideran casual no solo la evolución sino todo el universo desde el Big Bang. Pero no faltan polémicas y a veces peleas también entre creacionistas creyentes y esos evolucionistas que defienden una evolución física del cosmos y biológica de las especies ambas queridas y dirigidas por el Creador. El colmo resulta ser que, a menudo, el objeto de la contienda no es la investigación científica en sí, sino argumentos ontológicos, confundiéndose el campo de las investigaciones experimentales con el de los estudios metafísicos y bíblico-teológicos sobre el ser y eso cuando no se añade la ideología visceral para eliminar la controversia.

El resto del ensayo tratará esos entornos.

Ahora me parece oportuno referirme a las tres principales teorías evolutivas, añadiendo al tiempo y poco a poco algunas consideraciones.

2
Nociones históricas de las teorías evolutivas

Al evolucionismo se la ha hecho coincidir muchas veces con el darwinismo, a pesar de que la teoría de Charles Darwin coincidió en el tiempo con la análoga de Alfred Russel Wallace y ambas se vieron precedidas por la teoría evolucionista de Jean-Baptiste Lamarck. Por otro lado, como veremos con detalle en el capítulo 7, en el neoevolucionismo se propone una nueva subteoría, la del equilibrio puntuado.

Presento un breve excurso histórico, al que añado algunas consideraciones:

Charles Darwin (1809-1882)

El científico agnóstico inglés Charles Darwin fue creyente en la primera parte de su vida y, en su juventud, incluso un fundamentalista cristiano, al nacer en un entorno protestante, de padre anglicano y madre unitaria[14] y haber

---
[14]El unitarismo, presente hoy sobre todo en Estados Unidos, rechaza la idea de tres Personas igualmente divinas y eternas del único Dios, cree en la sencilla unicidad de la Persona de Dios, no en su Trinidad. Para los unitarios, Padre, Hijo y Espíritu Santo son simples títulos que describen los distintos papeles y las distintas obras de Dios, pero no expresan una triple naturaleza divina: el Padre se refiere a Dios en su relación familiar con la humanidad, el Hijo representa el Dios encarnado, el Espíritu indica a Dios cuando actúa creando el mundo y

sido sometido a una muy rigurosa educación religiosa, que comprendía el estudio casi literal de la Biblia, y luego enviado a estudiar teología en el Christ's College de Cambridge. Como indica en su autobiografía, todo esto le había dejado durante mucho tiempo la idea de la verdad absoluta y literal de cada palabra de la Biblia. Se declararía agnóstico después de sus investigaciones, al tiempo que publicaba de su obra fundamental, *El origen de las especies por medio de la selección natural, o la preservación de las razas favorecidas en la lucha por la vida*, conocida generalmente como *El origen de las especies*.

Como es sabido, inició su carrera como naturalista emprendiendo en 1831, como huésped del comandante, un viaje de cinco años alrededor del mundo en el bergantín de la marina militar británica Beagle, que albergaba una expedición cartográfica y así visitó las islas de Cabo Verde y las Falkland (o Malvinas), las costas atlánticas y pacíficas y finalmente Australia. En el archipiélago de las Galápagos advirtió que

---

ayudando providencialmente a la humanidad. Es una idea que tuvo importancia en los primeros siglos y que surge ya en el siglo I entre los judeo-cristianos que mantenía incólume la visión del único Yavé del que habla el Antiguo testamento. Los unitarios, nunca desaparecidos del todo, reaparecieron clamorosamente en la escena histórico-religiosa del siglo XVI con los pensadores y teólogos Piotr z Goniądza (z = de) más conocido como Petrus Gonesius, David Ferencz, Lelio Francesco Maria Sozzini, o Sozini, apellido que latinizó como Socinus, Martin Borrhaus llamado Cellarius, Bernardino Ochino y Miguel Servet, tal vez el más conocido al publicar *De Trinitatis erroribus* en 1531, tratado que desató un enorme escándalo en Europa y que fue condenado y ejecutado en la hoguera por herejía por los cristianos calvinistas en Ginebra en 1553.

cada isla tenía tipos distintos de tortugas y especies de aves que eran similares en ciertos aspectos y eran distintas en otros y también observó ciertas semejanzas entre ciertos fósiles que había descubierto y ciertas especies vivientes. Había leído entretanto el ensayo de 1798 sobre la población[15] del pastor protestante Thomas Malthus (1766-1834), en el que este economista sostenía que el aumento de la población humana era superior al de los recursos alimentarios y se desarrollaba en progresión geométrica, mientras que el alimento disponible aumentaba solo en progresión aritmética, por lo que se veía empujado a cultivar tierras cada vez menos fértiles, sufriendo así una gran penuria de géneros alimenticios con una difusión cada vez mayor del hambre, con muertos por inanición en una especie de control natural a posteriori que seleccionaba a la población humana. Entre Malthus y los descubrimientos y observaciones naturales, nacieron en Darwin las ideas que llevaron a formular la teoría de la evolución por selección natural. En particular, había partido de la suposición de que las diversas tortugas habían tenido como origen una especie común y luego fueron mutando, adaptándose a los distintos ambientes de las diversas islas del archipiélago de las Galápagos. Volvió a Londres en 1836 con las muestras vegetales y animales

---

[15] An essay of the principle of the population as it affects the future improvement of society- Ensayo sobre el principio de la población tal como afecta a la futura mejora de la sociedad.

recogidas y los fósiles recuperados. Presentó para su revisión sus hallazgos ornitológicos a expertos del British Museum y al año siguiente se le informó que esos pájaros, aunque de un aspecto muy diferente, pertenecían todos a la familia zoológica *Fringillidae*, y a la subfamilia *Geospizinae*, es decir, eran pinzones comunes. Había deducido que en todas las especies vivientes, a lo largo de generaciones, habían nacido individuos con características distintas con respecto a las de sus padres y entre esos individuos un principio de competencia, la selección natural, escoge a los mejor dotados para sobrevivir en el entorno. La generación siguiente tiene una mayor presencia de ejemplares que sobreviven y se reproducen mejor. En otras palabras, para este científico, en el proceso evolutivo intervienen algunos principios, el de la variación casual, tanto fisiológica como, a consecuencia de esta, de comportamiento, el principio de la herencia de las mutaciones y el de la selección natural en la competencia entre individuos. Darwin, teniendo en cuenta el entorno de las Galápagos, concibe además la idea de nichos protegidos que entiende que favorece el mecanismo, gracias a la ausencia, o al menos a la menor presencia, de depredadores y, en general, de daños ambientales. Sostiene además que el motor de todo es el ciego azar, aunque al principio había supuesto un posible finalismo en las variaciones.

Hablar de azar en el darwinismo, y hoy en el neodarwinismo y en general en la investigación biológica y naturalista, significa decir que una mutación en un ser viviente no depende de la necesidad de ese organismo y que la transformación del mismo no se impone por una exigencia originada en el entorno, sino que se trata de una transformación completamente fortuita: el viviente mutado que por accidente consiga una condición mejor que otros con respecto al entorno en que se aloja sobrevive originando una nueva especie que prospera, mientras que los no mutados y los mal mutados de su especie se extinguen.[16] Como ya escribí en un ensayo anterior,[17] para Darwin «no había ningún fin en la selección natural, que no estaba guiada por ninguna fuerza lógica de la naturaleza ni mucho menos por alguna Razón sobrenatural: para él las mutaciones eran mecánicas, no había ninguna idea de progreso en la evolución ni existía

---

[16] La extinción sin embargo no se produce siempre y necesariamente, como parecen demostrar los llamados *fósiles vivientes*, expresión acuñada por el propio Darwin, que no había ocultado el fenómeno, aunque considerándolo excepcional. Se pueden citar, a título de ejemplo, entre muchos otros: en el campo vegetal, el siempre florido *Gingko biloba*, cuya especie aparece como muy tarde en el Jurásico, la época de los dinosaurios; en el campo animal, las esponjas, que existen ininterrumpidamente al menos desde hace mil millones de años, y el pez celacanto, clasificado científicamente como *Latimera chalumnae* por el hecho de ser pescado en el Océano Índico en la desembocadura del río Chalumna sudafricano: se trataba de un gran ejemplar de un metro y medio de longitud y 57 kilos que presentaba aletas musculosas, características de su especie arcaica, la de los *Crossopterigi Celacantiformi* de la era paleozoica, es decir, de hace unos cuatrocientos millones de años, que se consideraba completamente extinta desde hace muchísimo tiempo.
[17] *È Uomo* (en particular, el capítulo II, «El cerebro, la mente, el alma frente a la ciencia».

una jerarquía entre los seres vivientes, incluido el hombre. Era el azar el que producía las variaciones, por lo tanto estas no tenían una finalidad ni para un cambio en el entorno ni para satisfacer una necesidad particular de un individuo. Según Darwin, si la variación casual era negativa no se transmitía; por el contario, si era positiva, sí. Ese punto de vista se oponía obviamente al cristiano. El paradigma de Darwin era el mecanicismo de Newton, que durante dos siglos había contribuido enormemente a la investigación en el campo de la física y había sido un punto de referencia para los científicos: el siglo XIX estaba muy lejos de los posteriores descubrimientos desconcertantes del probabilismo, la mecánica cuántica y la relatividad y Darwin quería y pensaba poder crear un sistema sólido también para la biología como era, en su tiempo, el newtoniano, basado en las tres leyes de la mecánica. También había teorizado y presentado a su vez sus tres leyes: las mutaciones casuales que según él justificaban el surgimiento de las nuevas especies; la lucha por la supervivencia que premiaba las mutaciones mejor adaptadas; la selección natural causada por el aislamiento geográfico, que favorecía la extinción de las especies y el desarrollo otras. Al fin y al cabo, no era en sí la idea de la evolución la que perturbaría el cristianismo, sino el concepto de selección natural, que se enfrentaba con la idea del Plan divino para los seres humanos y era la idea de un proceso ciego y mecánico, mientras que para la fe cristiana, además, Dios se había encarnado en la segunda Persona intencionadamente en la Historia».

En sus últimos años de vida, Darwin acepta un concepto llamado pangénesis, tomado de Lamarck (ver más abajo), es decir, la teoría de que el uso o falta de uso de un órgano provocaría variaciones consiguientes en las generaciones posteriores.

Sobre las críticas a Darwin

Hoy en día el darwinismo está sometido a críticas y puntualizaciones, no solo por parte de creyentes, sino también en ciertos entornos neodarwinistas. En síntesis, son las siguientes:

El modelo darwinista no puede explicar fenómenos como las grandes mutaciones inesperadas y los eventos catastróficos de extinción, como el famoso de los dinosaurios, lo que contrasta con la teoría de la evolución gradual; los plazos necesarios para imponerse las nuevas especies serían demasiado largos si las mutaciones fueran lentas y naturales; el darwinismo clásico no explica el papel de las mutaciones neutrales, constituyendo estas por otro lado la mayoría de las propias mutaciones; no contempla las indudables distintas formas de cooperación entre seres vivientes, que contradicen la imagen de un mundo guiado solo por la lucha por la supervivencia; Darwin tampoco aclara el mecanismo de herencia de las características adquiridas.

Neodarwinismo y nuevas fronteras

Hace tiempo que las nuevas fronteras de la genética, en particular el descubrimiento del ADN[18] y los estudios consiguientes, materia que desconocían Darwin y las primeras generaciones de sus seguidores, han llevado a los neodarwinistas, siempre bajo la hipótesis casualista, a estudios de microbiología dirigidos a corroborar la idea de la mutación y, por tanto, de la teoría evolucionista Se ha formulado la llamada *teoría sintética* que considera a las fuentes de la selección natural, en primer lugar, mutaciones casuales genéticas mínimas del ADN, llamadas *microevoluciones*, que a lo largo del tiempo, bajo la influencia

---

[18]Es sabido que todos los organismos contienen ADN, ácido desoxirribonucleico, y también ARN, ácido ribonucleico. El ADN contiene toda la información genética hereditaria del núcleo, es decir, los llamados plasmodios, mitocondrias y cloroplastos, que están en la base del desarrollo de todos los organismos; además, esa información genética está transcrita en moléculas de ARN que contienen el código para sintetizar ciertas proteínas concretas.

única de la selección natural darwiniana, realizan *macroevoluciones* sumándose unas a otras.

Por otro lado, en el entorno creyente, evolucionista o no, se evidencia que los seres humanos no podemos ser reconducidos a ninguna otra especie considerando los ADN relativos, ni mucho menos a animales en los que este se aproxima mucho al nuestro. En particular se advierte que hay un abismo entre nosotros, los seres humanos, y el animal menos lejano, el bonobo, es decir, chimpancé enano, aunque la secuencia del ADN de ambas especies sea casi igual. Se ha realizado la llamada secuenciación[19] del ADN del bonobo y se ha descubierto que las secuencias de su genoma, que comprende la información genética del organismo, es decir, todo su material genético, son como las humanas en un 98,4%, pero sin embargo ese 1,6% de diferencia se corresponde con unos 35 millones de nucleótidos de los cerca de 35.000 millones que comprende. Hay otras diferencias relativas a las llamadas duplicaciones, inversiones, inserciones, deleciones, que reducen la semejanza a cerca del 96%, y según los científicos que han realizado esta

---

[19]La secuenciación del ADN consiste en establecer el orden de los llamados nucleótidos, es decir, adenosina, citosina, guanina y timina, que constituyen el ácido nucleico. Como dicen los especialistas, determinar la secuencia es útil para la investigación de la manera en que viven los organismos. En el interior de la secuencia están codificados los genes de todo organismo viviente y por tanto las instrucciones para expresarlos en el tiempo y el espacio: la llamada regulación de la expresión genética.

investigación, se trata de diferencias muy significativas.[20] Dicen que además hay diversidad en las cadenas de aminoácidos de las proteínas, disconformidades estructurales en la hemoglobina y otras cosas que el profano no puede entender, pero son elocuentes para los especialistas. Todas estas diferencias hacen en resumen al humano su ser sustancialmente distinto de la Chita de Tarzán, de los chimpancés en definitiva. Por otro lado, los seres humanos no podemos ser reconducidos ni siquiera a los exponentes de especies *Homo sapiens* distintas de la nuestra del *Homo sapiens sapiens*, es decir, del hombre que no solo sabe, sino que sabe que sabe porque su mente es el resultado de un vertiginoso salto vertical cualitativo, siempre considerando los relativos ADN. El científico evolucionista Guido Barbujani, profesor de genética en la Universidad de Ferrara ha afirmado[21] que «el estudio de los fósiles demuestra que es una historia que comienza en África, tal vez hace seis millones de años, cuando se separaron los destinos de dos grupos de simios, que con el tiempo evolucionarían hacia dos especies modernas, el chimpancé y el hombre. Desde entonces han aparecido diversas formas humanas diferentes, de las cuales solo ha sobrevivida una, la nuestra. (…) Hace cien mil años, las personas como nosotros solo existían en

---

[20]*Le Scienze*, n° 446, Octubre de 2005, p. 27.
[21]*Tuttoscienze*, 16 de septiembre de 2009, pp. IV y V

África Oriental. Pero también en Europa vivían seres humanos, ya que tenían un esqueleto y una cultura, aunque distinta de la nuestra: los neandertales. Y en Asia había otras dos formas humanas. (…) Hoy, al menos en lo que respecta a los neandertales, sabemos que su ADN era distinto del nuestro, tan distinto que no pueden haber sido nuestros antepasados: se extinguieron con nuestra llegada desde África».

> Ceo que al hablar de otras dos formas humanas existentes en Asia, Guido Barbujani se refería al *Homo sapiens heidelbergensis* y al *Homo floresiensis*. El *Homo sapiens heidelbergensis* (hace entre 600.000 y 100.000 años), cuyos primeros restos se encontraron cerca de Heidelberg, en Baden-Württemberg, y posteriormente en Asia y África, tenía una capacidad craneal en torno a los 1.600 cm^3 y, según los antropólogos, no es improbable que haya sido el progenitor en Europa del *Homo sapiens neanderthalensis* en el mismo momento que en África estaba evolucionando ese *Homo sapiens* que iba a convertirse, en un salto vertiginoso, en el *Homo sapiens sapiens*. El *Homo floresiensis*, llamado así porque fue descubierto en 2003 en la isla de Flores, al este de Bali, en Indonesia, vivió hace 18.000 años. Tenía una capacidad craneal de solo 380 cm^3, pero proporcionada a su pequeña altura, inferior a la de un pigmeo. Se cree que convivió en la isla con nosotros, los *sapiens sapiens*. Se han

encontrado utensilios de piedra junto a los yacimientos paleontológicos de esta especie, lo que ha permitido suponer que los *floresiensis* habían desarrollado una forma de cultura, a pesar de las pequeñas dimensiones de sus cerebros, por lo que la especie se calificaría como *sapiens*, y también porque sus dientes son pequeños como los del *Homo sapiens*, mientras que los dientes de los homínidos arcaicos son por el contrario relativamente más grandes.

Por tanto, según los evolucionistas contemporáneos, una especie ancestral de *prosimios* sería la antepasada de los primates y habría originado, hace seis millones de años, además otras especies de prosimios, de las cuales algunas descienden hasta nuestro tiempo (los lémures, los tarseros y los loris, clasificados como un suborden de la categoría de los primates llamado, como el antiquísimo antepasado, de los prosimios) unos *protosimios* por una parte, que evolucionarían hasta el chimpancé actual, y por otra hasta un primer homínido erecto, pero todavía animal, del que descendería, mutando poco a poco (para los cristianos evolucionistas, según la teoría de una evolución a saltos, de la que hablaré en otro lugar) en las diversas ramas de la especie *Homo*, entre las cuales está la del *Homo sapiens sapiens*. Y considerando que, como se ha demostrado científicamente, el ADN de los neandertales era diferente del nuestro, igual que lo era el del chimpancé, es decir, lo suficientemente distinto como para poder entender que no había relaciones de parentesco con el *Homo sapiens neardenthalensis*, es verosímil que, aunque quede por verificar, también el ADN de las demás especies de *Homo sapiens* sea igual de diferente al nuestro.

> Un inciso: *Prosimios* significa antecesores de los simios y con respecto a esto no hay que confundirlos evidentemente con los *protosimios*, es decir, como indica la palabra, con los primeros simios propiamente dichos, de los cuales, según la teoría, luego se originaron, entre otros simios, los chimpancés. Como de los prosimios derivaron tanto los seres humanos como paralelamente los simios, decir que el hombre desciende de los simios es un error.

El creyente podría preguntarse si toda esa variedad, a pesar del nombre científico de Homo, *serían especies humanas a los ojos de Dios, si tal vez serían... Adán.*

Es un pregunta que podría interesar académicamente incluso a los no creyentes.

Advirtamos antes que nada que el nombre bíblico Adán, 'Ādam, significa «el Hombre», el Ser Humano con mayúscula, en el sentido de la humanidad de cualquier tiempo.

Podemos ver en primer lugar las cosas desde el *punto de vista de la criatura*. En lo que se refiere a la inteligencia, no solo los neandertales, organismos relativamente recientes que vivieron hace 130.000-30.000 años, sino también otras especies *Homo* más arcaicas ideaban y construían utensilios rudimentarios de piedra: el *Homo ergaster*, existente en África entre hace 1,8 millones y 300.000 años, fue el iniciador del trabajo lítico, haciendo al pedernal cortante y en forma de almendra, por eso llamada amigdaloide, del latín *amigdala*, por los paleontólogos, desarrollando posteriormente la especie *Homo erectus* la industria de la piedra en sus diversas variedades. ¿Haría por tanto esta primitiva inteligencia de estos seres los primeros *adanes*? Acerquémonos más de nuestra época: hace entre 400.000 y 300.000 años, individuos de la especie *Homo sapiens arcaicus* sabían encender el fuego y comían alimentos cocinados, coordinaban la caza, usaban ropas rudimentarias y, un hecho particularmente interesante, enterraban a los muertos como podría haber hecho el *Homo sapiens neardenthalensis* y posteriormente el *Homo sapiens sapiens*. Nos podemos preguntar: ¿aparte de la nuestra, todas esas especies tenían alguna intuición de lo divino, dado que, al menos, sepultaban a sus difuntos? ¿Lo hacían por una creencia en la supervivencia de los muertos en el más allá? No, salvo que se hallen pruebas de lo contrario: no se han encontrado testimonios históricos de ritos fúnebres en honor del fallecido, ritos que habrían podido hacer suponer la creencia en una dimensión ultraterrena. Todos sepultaban los restos, probablemente para evitar las miasmas cadavéricas. Los primeros testimonios de ritos religiosos (y también de formas artísticas) de la especie *Homo* se sitúan en edades recientes, en un periodo de hace 40.000-30.000 años y solo son del *Homo sapiens sapiens*. De hecho es indispensable un orden social complejo, un lenguaje y un sentido moral que, por lo que nos hacen pensar todos los hallazgos, son típicos solo de nosotros, los seres humanos y no de los homínidos más arcaicos ni tampoco del menos antiguo *Homo sapiens neardenthalensis*, que vivió contemporáneamente con nosotrosdurante un notable periodo de tiempo.

Con respecto al *punto de vista* de Dios (evidentemente aquí estamos en el ámbito creyente) no le es posible al hombre descubrir si también los ya extinguidos pertenecientes a los géneros *Homo* y, ante todo, los que nos son menos distantes, los neandertales, fueron criaturas a las que el Creador, aunque no les concediera una Revelación, les habría abierto la posibilidad de vivir en su Ser eterno después de la muerte: solo lo sabe Dios. Naturalmente, no le corresponde a la ciencia investigar al respecto, al no tratarse de algo experimental. El creyente sabe que nada se ha revelado en las

Escrituras, como por otro lado tampoco se dice nada sobre la eventual supervivencia eterna de posibles extraterrestres, inteligentes o no, ni de las de los animales y la fe sugiere que por tanto esos posibles planes no deben concernir al devoto, ya que en los dos Testamentos Dios desveló solo lo que debía afectar a la especie *Homo sapiens sapiens*, de la que todo exponente, en el sentido en que se acepta la Palabra, es creado a imagen y semejanza del mismo Dios y, según el credo de los cristianos, a imagen de la segunda Persona trinitaria, el hombre-Dios Jesucristo.

De todas maneras, mi punto de vista personal es que el Creador no habría desarrollado designios solo para el *Homo sapiens sapiens*, sino que habría cuidado, al menos, también de otros seres vivientes del tipo *sapiens* y, más allá de la Tierra, de posibles extraterrestres más o menos inteligentes.

En cuanto a los animales, se puede señalar que el Papa Pablo VI creía, a título personal, en su supervivencia en Dios: como se reflejó en la prensa, al encontrar en público a un niño que estaba llorando por la muerte de su perro, ese pontífice le había segurado que lo volvería a ver en el Paraíso.

Con respecto a la pregunta de si los exponentes de las otras especies *Homo* fueron también los *adanes*, se puede ver más adelante la sección «Pío XII, monogenismo y poligenismo» en el capítulo 8, titulado «Pareceres de algunos de los últimos papas».

Jean-Baptiste Lamarck (1744-1829)

De Darwin y el darwinismo pasamos al primer evolucionista, Lamarck. Luego volveremos a avanzar en el tiempo, a Russel Wallace, contemporáneo de Darwin.

> Para ser precisos, acerca de la primacía de Lamarck, recuerdo que un poco antes que él, el naturalista George Buffon, más exactamente Georges-Louis Leclerc, conde Buffon (1707-1788), había tenido una cierta intuición evolucionista, aunque sin embargo sin haber desarrollado una teoría: era un experto en anatomía comparada y, como había escrito en su obra en 36 tomos *L'Histoire naturelle, générale et particulière*, publicada entre los años 1749 y 1789, en parte por tanto después de su muerte, había apreciado semejanzas entre el hombre y los simios y había supuesto una posible genealogía común.

Después de un periodo de carrera militar, el francés Jean-Baptiste Lamarck se había dedicado al estudio de las ciencias naturales, siguiendo una visión filosófica de la naturaleza inspirada por el materialismo ilustrado. Hasta él se pensaba que las especies fueron creadas así como se presentaban, sin ninguna mutación. El mismo gran clasificador sueco de los organismos botánicos y zoológicos Carl Nilsson Linnaeus, conocido sencillamente como Linneo (1707-1778), había sido fijista, aunque hacia el final de su vida había supuesto que podían surgir nuevas especies por hibridación entre similares, pero la idea de hibridación no puede considerarse evolucionista. Para Lamarck, la materia no estaba constituida por elementos estables y definitivos como se suponía, sino que era mutable. Partiendo de la observación de los invertebrados, había concebido la transformación de las especies vivientes a lo largo del tiempo, causada por los requerimiento del entorno y su capacidad de adaptación: había desarrollado la hipótesis de que en todos los organismos biológico habría un impulso interno hacia la mutación, tendente a la perfección, la cual, debido a los fenómenos que él llamaba «el uso y desuso de las partes» y «la hereditariedad de las características adquiridas», los hacía cada vez más complejos en el curso de las generaciones. Así que había llevado a la biología al evolucionismo, según una idea dinámica de la historia natural. Había expresado sus teorías en la obra *Filosofía zoológica* en 1809. Lamarck fue también quien inventó el término «biología», que había incluido en la gran Enciclopedia ilustrada francesa, en cuya redacción había sustituido a D'Alembert.[22]

---

[22]El enciclopedista Jean-Baptiste Le Rond d'Alembert (1717-1783) fue

Su teoría fue seguida con atención en el entorno de la biología hasta los años 20 del siglo XX. Posteriormente el lamarckismo fue criticado, primero por solo una parte de los científicos y luego de manera generalizada, tanto a causa de la afirmación de Lamarck de que la tendencia a la mutación estaba ínsita en los seres vivientes, algo que por entonces era algo presunto y nunca demostrado, como sobre todo por el hecho de que las características adquiridas durante la existencia no parecían ni parecen transmisibles a los descendientes, ya que dichas características se memorizan en las células somáticas y no en las germinales. Por ejemplo, una persona que se vuelva obesa no transmitiría naturalmente su adiposidad a los descendientes, salvo que los sobrealimentara en los primeros meses y años y los hiciera obesos para todo el resto de sus vidas, pero en ese caso no se trataría de un hecho congénito, sino cultural (evidentemente de mala cultura).

Alfred Russel Wallace (1823-1913)

Este naturalista galés autodidacta, un ecologista *avant la lettre*, dedicó toda su vida a la investigación pura, viviendo en condiciones económicas precarias, ganando dinero con la venta a museos de hallazgos zoológicos y la realización de

---

astrónomo, físico, matemático, filósofo y uno de los exponentes más importantes de la Ilustración francesa.

conferencias y, en sus últimos años, con un modesto puesto público vitalicio concedido gracias a Darwin y otros, que sin embargo resultaba insuficiente para que viviera con holgura.

Russel Wallace había concebido su teoría evolucionista tras dos expediciones científicas, la primera a la Amazonia, la segunda a Malasia y Borneo, estudiando la flora y la fauna de esas regiones y comparando las características de las especies con su distribución geográfica. Para pagar sus propias investigaciones, recogía al mismo tiempo ejemplares de fauna exótica que enviaba a Londres a un intermediario que los revendía a coleccionistas privados y museos. Había leído independientemente de Darwin el ensayo de Malthus sobre la población. En 1855, mientras estaba todavía en Borneo, había escrito un primer ensayo: «On the law which has regulated the introduction of new species» («De la ley que ha regulado la introducción de nuevas especies»), donde ya desarrollaba su hipótesis evolucionista, sin teorizar sin embargo acerca de sobre qué mecanismo se fundaba la modificación de los organismos y la aparición de las nuevas especies. Tres años después, en Londres, había tenido finalmente la intuición de que ese mecanismo era la selección natural. Había expuesto sintéticamente por escrito su idea en un artículo que había enviado a Charles Darwin para que le diera su opinión, antes de hacer pública su hipótesis. La teoría de Russel Wallace se exponía de una forma concisa e inequívoca y, sin que lo quisiera el autor, había atribulado a Darwin porque, después de veinte años de investigación, corría el riesgo de ser considerado un epígono. Sin embargo, Russel Wallace, a partir de lo averiguados en sus estudios paralelos, había admitido sin contemplaciones la idea de la simultaneidad y había habido un acuerdo por el que ambas teorías se presentaría a la vez en público el 1 de julio de 1858 en la Sociedad Linneana. Solo después se publicaría el artículo de Russel Wallace, como también algunos fragmentos de los escritos inéditos de Darwin que, espoleado por la situación, había dejado de lado las incertidumbres y al año siguiente había publicado un largo resumen de su obra monumental, *El origen de las especies*. Era el positivista siglo XIX y al agnóstico Darwin le llegó su pleno éxito y la fama mundial, puesto que el otro científico, siempre en la sombra para el público más amplio, aunque no practicaba ninguna religión, no era ni ateo ni agnóstico, sino que tenía una concepción espiritualista y por tanto, a pesar de estar seguro de que era la selección natural la que producía la evolución de las especies, no había extendido esa concepción mecanicista al desarrollo de las facultades intelectuales y morales del ser humano. Había expresado primero solo indirectamente su parecer espiritual sobre el hombre en el ensayo «The origin of human races and the antiquity of man deduced from the theory of *natural selection*» («El origen de las razas humanas y la antigüedad del hombre deducidas de la teoría de *selección natural*»), publicado en 1864 en la revista *Anthropological Review*, donde había afirmado, pero sin presentar pruebas, como por otro lado pasaba con el caso de la evolución ciega de Darwin, que la selección natural había dejado de ejercerse en el cuerpo del hombre desde que este había alcanzado su condición humana plena y que, desde entonces, sus características físicas habían perdido cualquier valor para la supervivencia de la persona, asegurada por un nuevo factor, la mente, propia solo del ser humano. Esta le permitía ejercitar poder sobre la naturaleza, mientras que, también gracias a ella, se había desembarazado del poder de la naturaleza sobre él, mientras que todos los demás seres vivientes habían sufrido y continuaban sufriendo modificaciones evolutivas en todas las partes de su cuerpo. Según Russel Wallace, el antropoide se había modificado, sí, hasta cierto momento, en todo lo físico, pero luego nada más que en el mismo cerebro, lo que había influido en el proceso de selección hacia el muy inteligente ser humano. Y esto se había producido en primer lugar gracias a posición erecta y el consiguiente uso de las manos como instrumento de trabajo y de lucha, estado inicial de esa especialización cerebral que habría permitido que el encéfalo se convirtiera finalmente en el maravilloso cerebro del hombre, ya sin evolución, sino definitivamente formado. Al materialista y no finalista Darwin le sorprendieron esas hipótesis y cuando tiempo después Russel Wallace expresó claramente su concepción espiritualista afirmando además que la evolución del hombre estaba guiada por inteligencias trascendentes, quedó estupefacto y le escribió con preocupación: «Confío en que no haya matado del todo a su hijo y el mío». Advirtamos sin embargo que Russel Wallace había concebido, igual que Darwin, una evolución lenta y completamente gradual a lo largo de mutaciones imperceptibles, por lo que, de hecho, a pesar de su espiritualismo, no había excluido a los seres vivientes anteriores al *Homo sapiens sapiens*, en parte hombres y en parte bestias, al contrario de lo que se puede entender en la idea de dos investigadores contemporáneos, que contempla una evolución que procede a saltos: la llamada teoría del equilibrio puntuado. Me refiero a los investigadores Stephen Jay Gould y Niles Eldridge, sobre los que volveré más adelante.

Mi opinión personal

Acepto, aunque sea provisionalmente y a la espera de posteriores confirmaciones, la teoría del equilibrio puntuado, no solo porque me parece razonable y armoniosa, sino en el sentido de que, como veremos, no contempla el llamado *eslabón perdido* mitad hombre y mitad bestia. Este último es un motivo no científico, sino teológico y es un ejemplo de cómo juegan con los asuntos las consideraciones ontológicas *ex ante*: no solo para los creyentes, evidentemente, sino para todos, sea cual sea su postura metafísica. Por otra parte, no llego a comprender la visión *práctica* de los creacionistas creyentes, más allá de la alegoría[23] del Génesis que presenta a un Dios que tras el mundo que ha creado en un cierto momento, metafóricamente en el sexto *día*, toma el barro para crear a Adán, es decir, la primera pareja y por tanto el género humano. El sentido del soplo divino introducido dentro del hombre y la mujer componentes de la primera pareja humana (el hombre creado varón y mujer del Génesis)[24] está claro que es el hálito de vida de Dios y, al mismo tiempo, su inteligencia, que, para los cristianos, es expresión del *Logos*,

---

[23]En relación con el símbolo en las Escrituras, cf. del autor *Il Dio col grembiule, la progressiva Rivelazione di Dio-Amore dall'Antico al Nuovo Testamento*, 2007, Pozzuoli (Na).

[24]«Y creó Dios al hombre a su imagen, a imagen de Dios lo creó; varón y hembra los creó». (Génesis 1:27). Aquí la palabra «hombre» (o Adán) ha de entenderse sin duda en el sentido de ser humano en general (*homo* en la Vulgata bíblica latina) y no de *vir* (varón de la especie humana); de aquí deriva el corolario de que el llamado *pecado original* es el arquetipo de todos los pecados del hombre y la mujer de cualquier tiempo (todos reducibles en el fondo al deseo de poder personal).

es decir, del Hijo, Dios y hombre, que hace a los hombres como él. Sin embargo, la parte del Génesis que describe la formación del cuerpo humano como plasmación de la materia me parece inverosímil si se toma al pie de la letra, es decir, más allá de la cosmogonía alegórica bíblica: ¿Dios que desciende a la tierra o en todo caso que modela y vivifica materialmente la materia inerte? ¿O tal vez los creacionistas tienen una idea distinta que no entiendo? Me encantaría, simplemente por amor a la sabiduría, que un creacionista bien informado me explicase su opinión concreta. Entretanto me parece más verosímil el evolucionismo con respecto al creacionismo, rechazando asimismo, desde un punto de vista metafísico, el evolucionismo casual, también este por otro lado, y lo subrayo, sin matriz científica, sino ontológica. Veo una evolución querida y guiada por Dios en el llamado *intelligent design*, diseño inteligente, en otras palabras, una evolución teísta. El evolucionismo me parece compatible con la fe judeocristiana, con tal de que las mutaciones se entiendan dirigidas por Dios según su ley y con tal de que la primera célula (según el monofiletismo) o bien las primeras células (para el polifiletismo) dirigidas a formar organismos complejos se entiendan también queridas por Dios y no ordenadas por el azar. Esta ley divina evolutiva podría también contemplar los saltos biológicos a los que he aludido antes, que nos llevan a Adán (es decir al *hombre*) varón o mujer, hijo inteligente de Dios y capaz de pensar en su Creador y, en cierto modo, plasmado desde lo material: no desde el barro metafórico, sino, en el último paso, desde la materia de los dos padres todavía animales a diferencia de sus hijos ya humanos. Por tanto, no hay ningún *eslabón perdido* para llegar al *Homo sapiens sapiens*.

> Un inciso: Es sabido, aunque no por todos, que el fuerzo anhelado de los darwinistas de encontrar el eslabón perdido favoreció en 1912 un engaño mayúsculo realizado por dos científicos deseosos de fama y no de veracidad científica. Se trató de la puesta en escena del llamado Hombre de Piltdown, un falso hombre-simio creado en realidad con el montaje de una mandíbula de orangután y la bóveda craneal de un aborigen australiano. Con todo, inmediatamente y durante una cuarentena de años ese presunto descubrimiento fue exaltado en los entornos científicos como el eslabón perdido, medio hombre, medio animal, que demostraba la evolución por mutaciones lentas y graduales de un prehombre todavía bestial al *Homo sapiens sapiens*. El engaño provino del paleontólogo aficionado y médico británico Charles Dawson, que había gozado de la complicidad del antropólogo profesional Arthur Smith Woodward. El primero declaró haber encontrado sepultados, junto a utensilios prehistóricos, el hueso de una mandíbula, una

bóveda craneal y algunos dientes en una cantera cerca de Piltdown. La mandíbula tenía una forma que recordaba la mandíbula de un simio y sin embargo el fragmento de cráneo y los dientes tenían apariencia humana. Dawson entregó estos restos a Smith Woodward para su depósito para que se custodiaran en el Museo Británico de Historia Natural y fueron clasificados ambos, por supuesto, como el Hombre de Piltdown. Afirmaron que los restos tenían una antigüedad de medio millón de años. Paleoantropólogos famosos, como el estadounidense Henry Fairfield Osborn, de visita en 1935 en el Museo Británico de Historia Natural, dijeron que se trataba de un sorprendente descubrimiento en relación con los primeros hombres. Entretanto se escribían al respecto innumerables artículos científicos y se discutían centenares de tesinas universitarias. Finalmente, en 1949, el doctor Kenneth Oakley, del departamento de paleontología del mismo Museo Británico realizó un experimento sobre los restos del Hombre de Piltdown aplicándoles el nuevo método del test del flúor para establecer la edad de los fósiles y descubrió que la mandíbula no presentaba ningún resto de flúor como debería haber ocurrido si hubiera permanecido enterrado durante quinientos mil años y no por un periodo breve. En cuanto a la bóveda craneal, sí tenía flúor, pero en una cantidad mínima, lo que significaba un enterramiento de solo algunos centenares de años. Investigaciones posteriores han determinado que los dientes eran aparentemente de un orangután y se habían alterado artificialmente lo suficiente como para hacerlos distintos y que los utensilios primitivos que habrían estado junto a los presuntos fósiles eran meras imitaciones, realizadas con herramientas modernas en hierro. En 1953, Joseph Weiner y otros expertos, siempre del Museo Británico de Historia Natural, hicieron público el fraude, precisando que el cráneo había pertenecido a un hombre aborigen australiano que había vivido solo quinientos años antes, que el hueso maxilar era de un orangután muerto recientemente y que sus dientes se habían manipulado maliciosamente en la mandíbula para que parecieran humanos. Todos estos objetos se trataron después con bicromato de potasio para darles un aspecto antiguo.

Como escribí en un ensayo anterior:[25] «El evolucionismo cristiano refutaba y refuta el llamado "eslabón perdido" que buscan los darwinistas, una especie de bestia-hombre situado entre los animales y los seres humanos. Los padres terrenales de "Adán" son completamente animales, no semihombres ni tampoco semibestias. Si se encontraran los fósiles de la especie del llamado "eslabón perdido", eso corroboraría la teoría atea darwinista, pero el cristiano entiende que esos fósiles no se encontrarán porque no existen: está en la Revelación que la creación de la materia del hombre-Adán, es decir, de la especie humana, "a imagen y semejanza de Dios" constituye un salto vertical en la

---

[25]*È Uomo*, op. cit., capítulo II «Il cervello, la mente, l'anima di fronte alla scienza», sección «Su Cristianesimo ed evoluzione».

Creación, que supone su culminación. Así que, por una aparente paradoja, la propia falta de descubrimiento del eslabón perdido corrobora la idea evolucionista cristiana (frente a la darwinista). Según los católicos evolucionistas, Dios sencillamente realizó un enorme salto generacional en la evolución en el momento oportuno, infundió el alma-mente a los hijos de los prehomínidos que eran hasta entonces bestias, creando así, en esa nueva generación, la especie humana de Adán. Aceptando esto, para los creyentes era y es legítimo aceptar la teoría evolucionista. Esto no quita que haya también hoy católicos que, en libertad, sigan siendo creacionistas, igual que muchos protestantes, aunque la mayoría del pueblo de la Iglesia acepta el evolucionismo, también porque la idea de una ley de la evolución dictada por Dios parece estética y es compatible con la alegoría de la creación desde el barro por las manos de Dios (lo que para escritores eclesiásticos antiguos son metáforas del Hijo y del Espíritu Santo) hasta tansformarlo en el Hombre-Adán, haciéndolo a su imagen y semejanza (Génesis 1:28-29)».

Siento estar en desacuerdo con la idea de que a los primeros seres humanos hijos de parejas de animales, dada la bestialidad de los padres, no habrían podido tener cuidados paternales de una forma que no impidiera el crecimiento intelectual de los *adanes* masculinos y femeninos. No me parece aceptable: los cuidados de las madres animales hacia sus hijos humanos debían incluir simplemente la lactancia y su protección de los depredadores, a veces realizada con la cooperación del padre, de la misma manera que todavía lo hacen con los cachorros de los mamíferos evolucionados y no su formación cultural, como se habría producido sin embargo rápidamente en las primeras familias de humanos prehistóricos, reduciendo así el tiempo necesario para el crecimiento intelectual de sus hijos. Los primeros *adanes*, después del periodo de lactancia debían ante todo aprender, imitando a sus padres, a conseguir alimento por sí mismos y en este momento terminaban los cuidados parentales. Pero la nueva criatura adánica, dotada de una maravillosa mente humana, no podía sino refinar posteriormente, con su sola experiencia, las enseñanzas rudimentarias recibidas. Por otro lado, también el hombre moderno, gracias a su prodigiosa psique (es decir, la *psyché* en el original griego del Testamento, *anima* en la traducción al latín y *alma* en la española) no aprende solo y durante toda vida de sus padres y luego de la escuela, sino mucho más de las experiencias personales que adquiere en su consciencia a través de las sinapsis de su cerebro y esto acaece al menos a partir de los tres años de edad.

Sí, ¿pero todas estas maravillas se han producido por azar, como no pocos creen? Y ante todo: ¿qué es el azar? Digámoslo de inmediato: es una fe. Lo veremos mejor en el capítulo 5, en la sección titulada «Sobre el azar como acto de fe». Entretanto, en el capítulo que sigue veremos las acusaciones contra Dios que pueden llevar a tener fe en el ciego azar.

> El ensayo se dirige a todos e indudablemente no pretende modificar el pensamiento existencial de nadie, de ahí que mis breves observaciones en el próximo capitulillo 3 sobre las acusaciones de los ateos contra Dios no tengan carácter catequístico, por decirlo así (en todo caso, el catecumenado se dirige a creyentes que buscan profundizar en su fe), pero querría fomentar en el lector no familiarizado con la teología una compresión suficiente del sentir de los creyentes. No queda más que decir que, como he advertido en mi breve introducción, cuando el argumento se refiere a la posición del ser humano en el mundo, no se logra por completo la objetividad, a pesar de las mejores intenciones.

3
Nociones de las acusaciones de los ateos contra Dios

Los científicos ateos sostienen que la especie humana, como también todas las demás, es fruto del azar y no de un designio divino inteligente y que también la consciencia del hombre es un mero producto de la evolución de los organismos.

Entre otros científicos ateos, se puede citar como ejemplo, por lo radical de su posición, un premio Nobel de medicina, el biólogo Jacques Monod (1910-1976), que la divulgó en su celebérrimo ensayo *El azar y la necesidad* (traducido al español por Francisco Ferrer Lerín en Barral Ediciones en 1977), entusiasmando a muchísimos lectores en todo el mundo. Indudablemente para Monod el fundamento de la evolución era el puro azar con una libertad completamente ciega y el hombre no sería nada más que un número extraído casualmente de un bombo que contendría miles de millones de otros números: no entiendo el motivo de tanto entusiasmo entre el público.

El concepto de evolucionismo autónomo desligado metafísicamente de un Factor trascendente, es decir, el llamado autoevolucionismo, viene acompañado por la tesis de la inexistencia de un Dios personal, que tiene su origen en consideraciones que son las mismas de los ateos del pasado:

Se afirma que el mundo no ha necesitado un Creador para existir, sino que siempre ha existido, y tras la teoría del Big Bang se ha introducido el concepto de un alternar continuo, a lo largo de miles de millones de años, de diversos Big Bangs de expansión y Big Crashes de contracción del universo-tiempo, no aniquilando estos segundos, según los científicos no religiosos, todo lo existente, sino solo minimizándolo hasta el punto de hacerlo imperceptible (ver también, con respecto a la alternancia de Big Bangs y Big Crashes, el principio del capítulo 5 «Discusiones a veces inútiles»). Ese sentimiento acompaña sin embargo frecuentemente, no a un ateísmo radical, sino a un sentimiento panteísta y por tanto estamos casi en el campo de la fe religiosa, aunque tal vez no siempre los creyentes en un dios-universo adviertan tener una fe. Se declara desde el bando ateo que el Dios personal es un personaje inventado históricamente e imprimido en el corazón del hombre con un objetivo consolador: la fe en Dios sería como una especie de analgésico contra el terror a la muerte y la fatiga del vivir, asunto de seres humanos necesitados de consuelo y por tanto, según los ateos, poseedores de poca dignidad.

Entre otros muchos, Marx y Engels con su idea de la religión como opio del pueblo, en un tiempo en que el opio se usaba en medicina como tratamiento contra el dolor, una idea por otro lado no original sino bastante común en el siglo XIX entre los científicos.

Para otros adversarios de la idea de Dios, además la fe en Él se habría inculcado en el pueblo por las autoridades religiosas en su propio interés.

La acusación de que los seres humanos habrían inventado a Dios como consolación no se ha demostrado, exactamente igual que no se ha demostrado la existencia de Dios, se trata en ambos casos sencillamente de fe. Sin embargo, con respecto a la segunda denuncia, se puede observar que tiene algo de verdad, es decir, que ciertos jefes espirituales, tanto antiguamente, como ciertos sacerdotes del templo de Jerusalén y los pontífices de los cultos paganos, se aprovecharon seguramente de la fe popular para conseguir poder y prosperidad personal. Sin embargo, persiste el hecho histórico de que seguramente ninguno de ellos se inventó la idea de Dios para ascender al poder: esta ya estaba antes en los corazones.

Han sido muchas las justas acusaciones hacia ciertos jefes de la Iglesia, seguramente culpables de simonía o de otros pecados. En el entorno pagano se pueden recordar, a título de ejemplo, los reproches de sus contemporáneos al pontífice Julio César de aprovecharse de la religión, no solo habiendo comprado vergonzosamente el propio cargo de *pontifex maximus*, sino aceptando una vez elegido, evidentemente para su propio beneficio, el ejercicio en lugar sagrado de fornicación por dinero con vírgenes vestales por parte de senadores lascivos, además de incestos y sacrificios obscenos blasfemos en el mismo lugar por parte de ciertos amigos depravados. En el judaísmo antiguo se pueden recordar las acusaciones el sumo sacerdote Josué (no confundir con el jefe popular sucesor de Moisés, que vivió siete siglos antes), que se rememoran de forma fabulosa en el libro bíblico del profeta Zacarías: una visión que recalca alegóricamente la acusación dirigida por el pueblo judío a este sumo sacerdote delante del tribunal. Este es el texto: «Y me mostró a Josué, el sumo sacerdote, el cual estaba delante del ángel del Señor; y Satanás estaba a su mano derecha para serle adversario. Y dijo el Señor a Satanás: "El Señor te reprenda, oh Satanás; el Señor, que ha escogido a Jerusalén, te reprenda. ¿No es éste un tizón arrebatado del incendio?" Y Josué estaba vestido de vestimentas viles, y estaba delante del ángel. Y habló el ángel, e intimó a los que estaban delante de sí, diciendo: "Quitadle esas vestimentas viles". Y a él le dijo: "Mira que he hecho pasar tu iniquidad de ti, y te he hecho vestir de ropas nuevas". Y dijo: "Pongan mitra limpia sobre su cabeza". Y pusieron una mitra limpia sobre su cabeza, y le vistieron de ropas. Y el ángel del Señor estaba en pie. Y el ángel del Señor protestó al mismo Josué, diciendo: "Así dice el Señor de los ejércitos: Si anduvieres por mis caminos, y si guardares mi ordenanza, también tú gobernarás mi Casa, también tú guardarás mis atrios, y entre éstos que aquí están te daré plaza"» (Zacarías 3:1-7). En el Antiguo Testamento, Satanás, es decir, el Acusador, no es el diablo del Cristianismo, sino una especie de ministerio público de Dios ante el tribunal divino que acusa al hombre de culpas para que el Señor le juzgue, algo similar a lo que hacían los inspectores de Imperio Persa frente a su rey, un imperio bajo el que se encontraba Israel en el siglo VI a. de C. A propósito de las acusaciones en el entorno judío (¡y qué acusaciones!) se pueden leer además, en los Evangelios canónicos, los primeros reproches de Jesús a los jefes del templo y del sanedrín y a los escribas que giraban en torno a ellos, en los que el Nazareno acusaba a todos, sin contemplaciones, de valerse de la Ley (el Pentateuco bíblico) solo para su propio poder personal. Jesús no atacaba sin embargo a los ocupantes romanos: no porque no desaprobase la violencia, sino porque se habrían producido represalias sangrientas entra la población judía: es célebre su afirmación de dar al César (Tiberio) lo que es del César y a Dios lo que es de Dios, aunque normalmente se entiende en el sentido erróneo de que Jesús invitaba a no ocuparse de la política, justo lo contrario de lo que él mismo, por su sentido de la justicia, hizo contra el poder interno judío. Sin embargo es cierto que no era el político su fin esencial, sino la salvación espiritual del pueblo.

Los ateos aumentan sin embargo la dosis afirmando que Dios, perfecto en bondad y poder por definición, no puede existir porque en el mundo existe el mal: según ellos, un Dios bueno que no lo impidiera no sería omnipotente, es decir, no sería Dios, y si fuera omnipotente y permitiera el mal, él mismo sería maligno y, por tanto, no sería Dios.

Se puede señalar curiosamente que entre este último sentir se encuentra la teología invertida del marqués de Sade, autor que desde el siglo XX ha sido muy apreciado entre cierta *intelectualidad*: una teología sulfúrea basada en la idea de una Naturaleza violenta y devastadora, una especie de divinidad maligna panteísta para la que la virtud es algo artificioso y además reprobable porque, siempre según Sade, es contranatural: justamente lo contrario que el Cristianismo, que predica la sublimación personal para acercarse a la pureza humana de Jesucristo explicada en los Evangelios, es decir, el esfuerzo del hombre de reprimir su parte natural-bestial violenta y egocéntrica (podríamos decir en cierto sentido *demoniaca*) y elevar el alma-mente a la indulgencia caritativa de Dios.

Tratamos de responderles considerando tanto el mal hecho por el hombre (el pecado) como el mal llamado de la naturaleza.

Examinando ante todo el primero, observamos que los críticos no conocen la fe existencial clásica cristiana, según la cual el hombre no es una marioneta en manos de Dios, sino que fue creado libre por él, es decir capaz de elegir el bien y el mal para el prójimo.

> No es así sin embargo para los seguidores de Lutero y Calvino, según los cuales no hay libertad de elección y solo la fe es esencial para la salvación: «Creed y os salvaréis». Puede ser interesante señalar que el padre del positivismo francés Auguste Compte (1798-1857), que predicaba una religión laica de la humanidad, en su crítica a la religión teológica tenía presente, no tanto a la Iglesia y en general el cristianismo basado en la libertad del hombre y, por tanto, en el valor de sus buenas elecciones personales, sino en primer lugar a la calvinista y predestinatoria francesa, según la cual todas las cosas son un premio por la fe para el ansia de salvación eterna y el miedo a no estar predestinados por Dios.

Prescindiendo de la reforma predestinatoria luterana y calvinista del siglo XVI y hablando solo del Cristianismo clásico al que el Concilio Vaticano II ha tratado de llevar a la

Iglesia, la fe existencial cristiana, ya predicada en el siglo I por los apóstoles, dice que el mal hecho por un hombre a otro hombre no es impedido por Dios para no tocar la libertad que el Creador ha concedido a todas las personas humanas por amor, por cuanto la libertad es objetivamente un bien y asimismo es la condición para cualquier otro bien que provenga del ser humano, mientras que la esclavitud, por muy dorada que sea, es un mal.

> ¿Podría esto escandalizar a alguien? Hay quienes preferirían vivir en un mundo sin dolor y lleno de placeres incluso a costa de ser títeres manipulados por Dios. Pero no por esto la libertad deja de ser un bien objetivo, siendo indispensable para la dignidad humana: para esa dignidad que precisamente tienen aquellos que, absurdamente, niegan a Dios a causa de la existencia del pecado en el mundo.

El amor activo hacia el prójimo está antes que todo lo demás según la doctrina de la Iglesia, la caridad precede en importancia a la propia fe, hasta el punto de que, según la proclamación *Lumen Gentium* del Concilio Vaticano II, todos los hombres caritativos se salvarán, aunque sean ateos. Esa caridad sin embargo no es un instrumento egoísta para la así llamada Salvación eterna propia, que, si no, no sería amor sino cálculo, ya que también se contempla la vida eterna como consecuencia natural del amar.

En segundo lugar, con relación al mal distinto que ataca al hombre, el que no causa otra persona, sino la naturaleza, como enfermedades y terremotos, los negadores de Dios llegan a la misma conclusión de que Dios no es la figura perfecta de la que habla la fe judeocristiana y por tanto no existe. Aunque contemplen la evolución física del universo y consideren necesaria la biológica, no se dan cuenta de que el nacimiento de la vida sobre la Tierra y su existir hasta llegar a la culminación del ser humano se produce en un cosmos, no espiritual e inmutable, sino material y sometido al tiempo, con los límites propios de la materia y el devenir, igual que el planeta Tierra que, con su evolución física se ha constituido de manera tal, incluidas la bacterias (primeras formas de vida según la teoría evolutiva), ha permitido la aparición de la propia vida y su prosperidad hasta la culminación del *Homo sapiens sapiens*. Y también de esta estructura de nuestro mundo deriva el llamado mal de la naturaleza, es decir, los fenómenos a veces dañinos para el hombre relacionados inescindiblemente con la conformación de nuestro planeta, como los citados terremotos, los tsunamis, las erupciones volcánicas y la misma fuerza de la gravedad por la cual, por ejemplo, una roca puede caer sobre una persona matándola. Ciertamente en un mundo muerto como la Luna no hay tsunamis ni otras catástrofes naturales similares, ni mucho menos ha aparecido vida. La imagen que tienen los críticos de una creación divina perfecta resulta irreal, el Dios que se imaginan es fruto de su fantasía, no es el Creador que encontramos en la Revelación. Su idea de mundo perfecto es la de un pléroma espiritual incorruptible poblado de criaturas angélicas, no material y transitorio como el universo que aloja a hombres, no a ángeles, y no tiene nada que ver con el Dios de la religión judía ni con el Dios trino y uno del credo cristiano, religiones en las que ese mundo espiritual y perfecto, es decir, el mismo Dios, existen solo después de la muerte de la persona, de la transformación de este en un ser humano *espiritual glorioso* como dice el Nuevo Testamento en la primera carta de San Pablo a los corintios.[26]

---

[26] En los tiempos de Jesús, por el contrario, el judaísmo farisaico no imaginaba una resurrección trascendente, sino material al fin de los tiempos, *sobre nuevos cielos y sobre una nueva tierra*, como leemos también, alegóricamente, en el Apocalipsis judeocristiano, es decir, en un renacer bellos, sanos e incorruptibles en un nuevo mundo físico óptimo.

4
Filosofía, ideología e investigación científica

Si, como hemos dicho, el acto de fe en la existencia de un mundo objetivo es el primer soporte de la investigación científica, hay otra base, que se apoya inmediatamente sobre ese acto de fe fundamental, que equivale a decir la aceptación de una epistemología personal o ajena, como la difundida filosofía de la ciencia de Karl Raimund Popper (1902-1994), con su idea de la provisionalidad y falsabilidad del dato científico. La filosofía no entra sin embargo en acción solo como epistemología: también actúan normalmente en la mente del científico las reflexiones metafísicas, y sus razonamientos ontológicos puede llevarle, o a una creencia en un Ser personal trascendente, o por el contrario, como ya hemos explicado, a excluir su existencia o a creer en un cosmos panteísta, es decir, inmanente y experimentable, pero vivificado por un espíritu no individualizable en sí, sino solo intuible gracias a las leyes lógicas comprensibles del universo que emanarían de ese mismo espíritu cósmico, entre las cuales estarían estas evolutivas universales y biológicas; esta podía ser la postura de Alfred Russel Wallace. Por otro lado, también la base para la elección del casualismo pudo haber sido una filosofía, por ejemplo, el positivismo para Charles Darwin y, para ciertos científicos y matemáticos del siglo XX, el pensamiento nihilista ateo de Jean-Paul Sartre. Sin embargo, hay que señalar que, en ciertos casos, la base de la opción atea de un estudioso puede no ser una reflexión profunda, sino simplemente el instinto: pueden ser experiencias o contactos negativos con la esfera de lo religioso, por ejemplo, una educación demasiado rígida en colegios religiosos, historias tal vez luego alojadas en lo más profundo de la memoria, pero todavía fuentes de impulsos hostiles al mundo eclesiástico. O tal vez el impulso puede venir de un anticlericalismo exacerbado por el conocimiento de ciertos errores graves o incluso fechorías históricas de miembros de las jerarquías religiosas, como las llevadas a cabo a través de los jueces de la Inquisición y los tribunales religiosos de las diversas corrientes protestantes creados paralelamente a aquella y con igual intensidad, cosas que llevan a los menos conocedores de la materia, aunque sean expertos en otros campos, a considerar que el Creador no sería amoroso, al permitir tales felonías, sino al menos indiferente, lo que les induce a creer solo en la existencia del universo conocido y no de Dios (ver en líneas más generales el capítulo anterior): pueden considerarse como opciones ideológicas similares.

Entre otros equívocos sobre el Cristianismo, está bastante difundida la idea de que son fundamentales en su esencia la elección del bien y las buenas acciones que derivan de aquel y de que los pecados de los cristianos y sobre todo de los dirigentes eclesiásticos menoscaban los fundamentos teológicos. No, el Cristianismo no es atacado ni tampoco destruido por los pecados, porque se basa exclusivamente en un hecho, el hecho de la resurrección de Jesucristo, testimoniada y predicada por apóstoles y discípulos como hecho histórico: si Cristo no hubiera resucitado de verdad, demostrando así ser Dios y no solo un hombre, y si por tanto la Iglesia se hubiera basado a lo largo de dos milenios en mitos santos, la fe en él sería completamente vana, como escribía ya en la mitad del siglo I, poco más de veinte años después de la Crucifixión por antonomasia, San Pablo en la Primera Epístola a los Corintios (15:17). En otras, palabras, según la fe, Cristo resucitado desde la muerte en el año 30 del siglo I habría salvado al ser humano de todos los tiempos, independientemente de las miserias y las trágicas brutalidades de ciertos creyentes. Esto no significa evidentemente que esas cosas no creen un justo escándalo.

Los científicos que creen en Dios, por su parte, basándose en razonamientos metafísicos y a veces en la Revelación, aceptan la idea del Ser personal e individualizan el valor natural del ser humano en un ser querido y creado por

Dios por amor, sin que con esto piensen que se disminuya el consiguiente merecimiento existencial de la persona. Sin embargo hay quienes no se declaran ni ateos ni creyentes, sino agnósticos, es más, hoy en día en el mundo occidental u occidentalizado esto es así para la mayoría de la población, ya que, muchas veces, más que un verdadero agnosticismo se trata de una mera indiferencia epicúrea y simple frente a las grandes preguntas existenciales. Sin embargo hay personajes de la cultura que han meditado sus razones para el agnosticismo y esas alternativas tienen su porcentaje más alto entre los científicos, mientras que la minoría, por muy importante que sea, se declara creyente o atea, o así resulta al menos de dos investigaciones estadísticas, aunque no sean muy recientes: la una, muy conocida también por haberse difundido por Internet, realizada por la Academia de las Ciencias estadounidense entre sus propios miembros y la otra realizada en Italia por el sociólogo Franco Garelli y publica en la obra de diversos autores *Valori, scienza e trascendenza*, publicada por la Fondazione Agnelli en 1989. Más de veinte años después, la situación podría haber cambiado. ¿Tal vez con un aumento de los agnósticos? ¿O de los ateos? No de los creyentes, imagino, si se compara el universo científico con el de toda la sociedad.

5
Discusiones a veces inútiles

Cuando se inician discusiones sobre teorías científicas, antes de participar en ellas está bien verificar que no traten sobre filosofía o teología, sino sobre datos de la experiencia. Así se evita contribuir a la confusión entre ciencia y no ciencia, como pasa a menudo entre evolucionistas y creacionistas y, en el ámbito de los primeros, entre los ateos casualistas y los que creen en un proyecto divino.

En lo que se refiere a la evolución cósmica desde los inicios del universo según la teoría del Big Bang, sería inútil discutir la causa: la astrofísica solo quiere comprender cómo se ha producido y continúa esta gran explosión-expansión, no busca saber por qué existe el cosmos en lugar de la nada. No es que los astrofísicos no tengan ideas personales al respecto, es más bien lo normal, como hemos visto, pero siempre entendiendo que no se trata de teorías científicas, sino de posturas ontológicas personales. Así, el cosmólogo creyente piensa que la Creación del universo en un Big Bang inicial es de origen divino. Así, el ateo puede imaginar un cosmos que siempre ha existido en una rotación de sucesivos Big Bangs y Big Crashes, con otras tantas expansiones de la nada o de algo infinitesimal inapreciable experimentalmente y contracciones correspondientes que devuelven al universo a ese algo infinitesimal que escapa a la experiencia o a aquella nada. Por otro lado, en ciertos entornos astronómicos espiritualistas pero no religiosos, se puede suponer que un espíritu universal anima los sucesivos Big Bangs, ese espíritu cósmico del que ya hemos hablado, pero sin embargo, igual que el Creador personal, nunca se ha demostrado por vía experimental, porque sería sencillamente imposible. Por otro lado, sería inútil discutir sobre la causa primera de la evolución biológica, dado que también aquí son fundamentales para la decisión los razonamientos metafísicos de los propios naturalistas que, también en ese campo, unos son ateos casualistas, otros creyentes en Dios y otros más teorizan sobre la existencia de un espíritu universal: parece que estos últimos juzgan la hipótesis panteísta como más racional que la del Dios personal creador y ordenador del mundo-tiempo, pero no entiendo por qué, dado que ambas ideas están a la par, sin pruebas científicas y basadas en el mero razonamiento resultante, en último término, en una u otra fe. Por otro lado, ya lo he comentado de paso, tampoco la opción casualista forma parte de la ciencia y resulta ser mera fe.

Un inciso: La idea darwinista de las mutaciones casuales se enseña en la escuela obligatoria y en la superior en las clases de ciencias, como parte de la teoría de la evolución, pero la hipótesis de que el azar produzca esas mutaciones debería dejarse sin embargo a la clase de filosofía, no teniendo nada de científico-experimental, como veremos enseguida. Lo misma pasaría con el estudio del *diseño inteligente* si se quisiera incluir también en los programas: no debería dejarse a las clases de ciencias, sino a las de filosofía y religión. El enfrentamiento en el campo metafísico podría resultar provechoso para despejar la confusión entre ciencia experimental e hipótesis metafísicas.

Sobre el azar como acto de fe

Azar es una palabra que califica nuestra ignorancia acerca de las causas cada vez que no son identificables ni por tanto verificables por ser extremadamente complejas. Prescindiendo de la teoría de juegos, que se basa en la probabilidad lógica abstracta sin comparaciones físicas, decir que cualquier cosa concreta se produce por azar es como reconocer que se ignoran las causas del fenómeno. En efecto, por ejemplo, si el resultado teórico de cierta cara de un dado lanzado tiene matemáticamente 1/6 de probabilidad, en la realidad, el resultado de un *solo* lanzamiento *empírico* depende de factores innumerables, como la fuerza y otras características del brazo y la mano que lanzan, la elasticidad de la mesa sobre la que se lanza, la composición material de hueso, madera o plástico del dado, el haber sido fabricado de un modo más o menos perfecto, las condiciones atmosféricas, etcétera. Si se conocieran todos esos factores, se podría prever anticipadamente el resultado. Por el contrario, como no es posible resolver ese muy complejo porqué, se habla de azar, cuando debería hablarse de ignorancia de las causas.

> Este ejemplo, luego conocido generalmente fue ideado por el profesor Enrico Medi (1911-1974), gran físico, creyente, autor de la primera tesis del mundo sobre los neutrones y de las primeras experiencias sobre el radar además de realizar estudios sobre las franjas ionizantes de la alta atmósfera, estudios que serían corroborados unos años después por el físico estadounidense James Van Allen (1914-2006), descubridor de los cinturones radioactivos en torno a la Tierra los cuales se llaman de Van Allen en su honor.

Está claro que las mutaciones contempladas en la teoría de la evolución derivan de un número mucho mayor de causas físicas desconocidas con respecto a las que intervienen en el sencillo lanzamiento de un dado y por tanto, con mayor razón, hablar de la casualidad de las mutaciones es más cómodo, pero no es científico. La causa de la evolución, al día de hoy, no se ha determinado científicamente, es decir, experimentalmente, igual que la Causa Primaria de Dios, en la que se puede creer por fe o no, y por eso indicar al azar como la causa de la evolución es sencillamente una expresión o, lo que es igual, un acto de fe.

Sobre la hipótesis metafísica y su corroboración o falsación experimental

Por otro lado, ya que una hipótesis metafísica tampoco puede contradecir a los datos de la experiencia, tanto el creyente evolucionista como el creacionista no solo no tienen que refutar, sino que deben considerar, mientras no haya una posterior prueba en contrario, los resultados del experimento los cuales, poco a poco, corroboran una teoría o, en un cierto momento, la falsean produciendo una prueba contraria.

> Unos ejemplos: La teoría geocéntrica ptolemaica se consideraba científica, ya que se basaba en la experiencia y era potencialmente falsable por experimentos nuevos y diversos hasta que, en cierto momento, se descubrió, con nuevos datos, que había que rechazarla con lo que desaparecía el punto de vista filosófico aristotélico sobre el universo. Hoy resultaría extravagante, basándose únicamente en las engañosas sensaciones que hacen que percibamos que sol gira alrededor de la Tierra, concebir según la visión aristotélico-ptolemaica nuestro mundo

como centro de los demás planetas y las estrellas, contra la demostración lógico-matemática contraria de Newton y la prueba empírica de la rotación terrestre realizada en París en 1851 con el experimento del péndulo de Foucault, comprobación que, evidentemente, implicaba la rotación de nuestro planeta.

Del mismo modo, en el campo de las ciencias naturales, la idea de Linneo de que las especies fueran inmutables desde el inicio de los tiempos, igual que también se pensaba en la Iglesia, se consideraba científica por las mismas razones, y digo científica, no verdadera en modo alguno, porque en su tiempo no se conocían los fósiles como tales, sino que se consideraban formaciones naturales curiosas. Por el contrario, hoy en día la recuperación y los estudios sobre los fósiles y sobre los estratos del terreno en los que se han encontrado, que permiten establecer su antigüedad general, junto a los métodos precisos radiométricos de datación son tantos y tales que incluso para muchos miembros del vértice y en general de la intelectualidad de la Iglesia, entre los cuales, como veremos en el capítulo 8 titulado «Pareceres de algunos de los últimos papas», estaba el difunto pontífice Juan Pablo II, no se trata ya de una mera hipótesis, sino de una teoría científica, no estando solo suficientemente corroborada por los descubrimientos, sino que se pueden encontrar indicios en las mutaciones de las bacterias para protegerse de las acciones de determinados antibióticos, por lo que la farmacología debe arreglárselas para, poco a poco, crear otros nuevos para defender a los hombres: un simple indicio, que quede claro, no una prueba, porque las mutaciones, hasta el día de hoy, no han generado nuevas especies de esas bacterias.

Sobre los debates pseudocientíficos acerca de la evolución

Prescindamos, por el momento, del área creyente creacionista: hablaremos de esta en el próximo capítulo, dedicado íntegramente a ella.

En el campo del evolucionismo, asistimos a debates desviados y desviantes, extraños a la ciencia, entre ateos, que no creen en un Creador, y aquellos creyentes que entienden a Dios como Creador y Evolucionador: lo han advertido también los científicos evolucionistas más atentos. Entre ellos encontramos a Carlo Soave, laico y profesor de fisiología vegetal en la Università degli Studi di Milano, y Fiorenzo Facchini, sacerdote católico y profesor de antropología y paleontología en la Universidad de Bolonia. En un encuentro público[27] afirmaron entre otras cosas lo que sigue:

---

[27] En el encuentro «¿Evolucionismo, teoría o ideología?», del 22 de noviembre de 2005 en el CMC - Centro Culturale di Milano, Via Zebedia, 2, 20123 Milán, en el ciclo de encuentros «Ciencia y modernidad», con las intervenciones de Carlo Soave, profesor de filosofía vegetal en la Università degli Studi di Milan y Fiorenzo Facchini, profesor de antropología y paleontología en la Universidad de Bolonia y presentación de Mario Gargantini.

El profesor Facchini observó que hay «una notable agresividad por parte de quienes afirman que el darwinismo es una teoría genuinamente científica, evitando afirmar que hay una componente ideológica-filosófica que subyace en este discurso científico». Y por otro lado «es verdad que la ciencia es el método experimental, ¿pero es posible entenderla sin observar y recoger los datos experimentales sin ninguna hipótesis interpretativa? *"Hypotheses non fingo"*, decía Newton. (...) La aparición del hombre puede identificarse empíricamente, incluso hay quien dice que el hombre solo es el *Homo sapiens* porque está dotado de capacidad abstractiva, pero, aunque lo sitúe más arriba o más abajo con respecto a una escala científica, todos estamos de acuerdo en que se produjo [la aparición]: no creo que la creación pertenezca a lo irracional, porque si todo lo que no es explicable pertenece a la esfera de lo irracional, la mayoría de lo que compone la sociedad es irracional. No es verdad que no se pueda hablar de la creación porque sería filosófico. ¿Entonces la filosofía es irracional? No es así, y usando los términos apropiados, deberíamos decir sencillamente que la filosofía no es experimental, porque si todo lo que no es explicable pertenece a la esfera de lo irracional la mayor parte de lo que compone la sociedad es irracional».

En resumen, si bien es verdad que la idea de creación divina no forma parte del campo de la ciencia, tampoco es de hecho contraria a la ciencia. Ya que las teorías evolucionistas ateas ponen a la naturaleza como alternativa a un Dios creador, se puede preguntar si la propia naturaleza resulta suficiente para dirigir la evolución (autoevolucionismo) y, antes que eso, para explicar su origen.

El profesor Soave respondía: «Me parece que las dos cosas no están en el mismo plano: la evolución trata de explicar cómo funciona lo existente, pero no explica lo existente. (…) Pregunta: ¿Por qué existe lo existente? Lo que yo puedo tratar de entender es la lógica que hace modificar estos seres vivientes, pero no consigo explicar por qué existen. Entiendo que la cuestión de la contemplación del misterio de lo existente es muy provocadora y es difícil responder de una manera sencilla, así que lo trato de explicar a través de la ciencia, pero, en el fondo, ¿qué estoy explicando? Nada, solo puedo intuir como funciona en su interior: todo lo que se puede hacer es tratar de entender cómo funciona lo existente, pero no se pueden poner las preguntas en el mismo plano».

El profesor Facchini declaraba: «La evolución es un concepto que pertenece a la observación empírica, al mundo de la ciencia. Por el contrario, el concepto de la creación es un concepto filosófico. Dicho esto, también es verdad que lo que existe, evoluciona, y por tanto la evolución supone la creación (ya Juan Pablo II en un congreso sobre "Fe y evolución" revelaba este mismo concepto) y la creación se pone bajo la perspectiva de la evolución como un advenimiento que se extiende en el tiempo. ¿Pero cómo podemos imaginar esta relación de una realidad que cambia con el tiempo? Debemos verla como una relación constante: la relación de Dios con la creación es una relación constante. Es verdad que en las cuestiones del hombre probablemente haya algo más, pero aquí se va a llegar a un punto que siempre ha remarcado muchas veces Juan Pablo II en su apertura a las teorías de la evolución, que es que en el caso del hombre hay un salto ontológico. A la vista de lo que he expuesto antes, veríamos ese salto en la discontinuidad (…) desde el punto de vista filosófico tendría que decir que la naturaleza de esta discontinuidad se expresa desde un principio espiritual que no está en la potencialidad de materia, sino que es querido por Dios creador. Para entendernos: el alma está incluida en los genes de los padres, pero hay otra voluntad que exige al individuo de esa manera determinada, con un cuerpo y con un alma».

En el citado encuentro, tanto Carlo Soave como Fiorenzo Facchini han afirmado también, plenamente de acuerdo, que el darwinismo es, sí, una teoría científica pero no está demostrado que sea correcta en su totalidad como, por otro lado, muchísimas otras teorías científicas que, igual que el evolucionismo darwiniano, han sufrido variantes con el tiempo y cuyas últimas actualizaciones suponen modificaciones muy importantes.

Sobre algunos científicos creyentes y ateos: apuntes

El físico subnuclear católico Antonio Zichichi ha escrito en un libro divulgativo:[28] «Nacida con un acto de fe en lo Creado, la Ciencia nunca ha traicionado a Su Padre. Esta ha descubierto (en lo Inmanente) nuevas leyes, nuevos fenómenos, regularidades inesperadas, pero sin arañar nunca, ni en lo más mínimo, lo Trascendente».

Tengamos presente que muchas partes de la Revelación judeocristiana tienen forma alegórica, empezando por el libro del Génesis, por lo que la fe religiosa no puede caer en el enfrentamiento entre algunos versículos, como el celebérrimo: «Sol, detente» del libro de Josué (10:12-14) y los resultados de la ciencia, algo que temían ciertos miembros de la jerarquía eclesiástica en el pasado. Hay que señalar que los heliocentristas Copérnico, Kepler, Galileo y Newton eran todos creyentes y que, en particular, Galileo siguió siendo

---

[28]*Perché io credo in Colui che ha fatto il mondo* (Milán: il Saggiatore, 1999).

hasta el final de su vida un convencido católico practicante, al ser un hombre inteligente que sabía distinguir entre la fe en Cristo y ciertos censores eclesiásticos, a pesar de la injusta condena a los arrestos domiciliarios en su villa de Arcetri con la prohibición de enseñar. Todos esos científicos admiraban y estudiaban el universo considerándolo, dentro de la fe, como una maravillosa obra divina, sin que por esto fuera menor el rigor en su investigación. Volviendo a Galileo, no fue sin razón por lo que repitió delante de sus inquisidores lo que ya estaba sustancialmente en el pensamiento de San Agustín, que había escrito sobre ciertas afirmaciones bíblicas: «El Señor quería hacer cristianos, no científicos». Trasladando la afirmación de Galileo al español actual, el científico había dicho: «La intención del Espíritu Santo sería enseñar cómo se va al cielo y no cómo es el Cielo». En el italiano original de su tiempo: «L'intenzione dello Spirito santo essere d'insegnarci come si vadia al cielo, e non vadia il cielo». Lo mismo puede decirse de otros científicos creyentes de la época moderna: entre los más famosos, el matemático y físico Blaise Pascal, el biólogo Gregor Johann Mendel, el físico matemático James Clerk Maxwell, el químico y biólogo Louis Pasteur y, citando solo un par de científicos creyentes que nos son más cercanos en el tiempo e italianos, el físico Enrico Medi y el físico subnuclear Antonino Zichichi: ambos han resistido valientemente a críticas desde el bando ateo, recibidas, a pesar de sus méritos científicos, solo debido a su fe en lo Trascendente. No solo en Italia, sino en el mundo entero, los creyentes reciben ataques. He citado en un ensayo anterior[29] el caso del biólogo y neurólogo John Eccles, escribiendo entre otras cosas: «A propósitos de esas acusaciones, Eccles escribía que derivaban de la ignorancia y el prejuicio y, como había podido verificar, a veces también en la mala fe. Se decía además falsamente que hablaba del alma en sus trabajos, cuando siempre había usado la palabra mente, hasta el punto de titular un encuentro con él, realizado en el campus de Berkeley en California, "El cerebro y el alma": el texto de su conferencia, en el que se usaba exclusivamente la palabra "mente", enviado por él mismo para su publicación en la revista de la universidad para que sus ideas quedaran claras para todos, incluidos quienes no hubieran intervenido en la conferencia y solo conocieran el título, sencillamente no se publicó». Además, «Eccles siempre ha asegurado que cuando una teoría científica se demuestra falsa al confrontarla con los datos experimentales, descubriéndose que la verdad es otra, se produce una victoria de la ciencia»: es evidente su rigor.

Se podrían añadir dos gran personajes científicos no seguidores de ninguna religión pero teístas, Albert Einstein y

---

[29] *È Uomo*, op. cit., cap II.

Max Planck. Sin embargo solo desde los años 60 del siglo XX los científicos creyentes vienen siendo atacados por colegas científicos ateos cuando no esconden su fe y por otro lado parece que son mayoría los que prefieren no hacer gala de esta, para así trabajar más tranquilos. Se viene realizando una campaña filosófica o ideológica, que por su objetivo es extraña a la ciencia, contra los creyentes en la trascendencia por parte de científicos célebres como el ya citado y ya fallecido Jacques Monod y como el astrofísico Stephen Hawking, el filósofo de la ciencia y estudioso de la mente Daniel Clement Dennet, el físico Steven Weinberg, el etólogo y biólogo Richard Dawkins, que han aprovechado la divulgación de sus descubrimientos ante el público en general para difundir su pensamiento ontológico ateo, exponiendo fuertes dudas sobre la existencia de Dios o negándola directamente. En Italia, a estos se añaden personajes científicos conocido por el gran público televisivo, como la astrofísica Margherita Hack († 2013) y el lógico-matemático Piergiorgio Odifreddi, que no solo es ateo, sino declaradamente anticatólico.

6
Sobre el creacionismo-fijismo

Normalmente los evolucionistas positivistas del siglo XIX y las primeras décadas del XX distinguían el creacionismo del libro del Génesis con su narración de la creación del mundo en seis días y del hombre en el sexto, considerando que todos los creyentes de las religiones llamadas «del Libro» creían esa historia al pie de la letra. Sin embargo solo era así para una parte de los fieles, para los de poca o ninguna cultura teológica, y hoy sigue siendo así solo en ciertos pequeños movimientos religiosos fundamentalistas. Esos científicos del pasado, también normalmente desprovistos de conocimientos teológicos profundos, se apresuraban demasiado al juzgar la opinión de los creyentes. Sin embargo, desde hace tiempo también los darwinistas se han dado cuenta de que el creacionismo no es tan simple e ingenuo como creían sus predecesores. Es evidente que todos los creyentes actuales, ya sean evolucionistas o creacionistas, entienden los seis días de la Creación como eras, deduciendo de la alegoría de la descripción bíblica y su contenido de metáforas una aparición de las diversas especies no sincrónica, sino en momento distintos, haciéndose cada vez más complejas hasta Adán o «el Plasmado», como lo llamaban los escritores eclesiásticos antiguos.

En lo que se refiere en concreto a los cristianos creacionistas, no solo creen en una creación al mismo tiempo de todos los seres vivientes, sino que consideran que Adán nació en tiempos relativamente cercanos. Por otro lado, al considerar los fósiles de especies ya inexistentes, creen en una desaparición, poco a poco de ciertos organismos, como los célebres dinosaurios, observando asimismo que ciertas especies antiquísimas siguen con vida sin haberse extinguido, al menos por el momento. Estos creacionistas contemporáneos se oponen a la teoría darwinista refiriéndose a datos de la experiencia. Estos, y por cierto también ciertos evolucionistas prudentes, anteponen la evidencia de que, hasta ahora, no se ha producido ninguna mutación moderna que cree una nueva especie y señalan que, como caso extremo, los errores de copia del ADN transmitidos a los descendientes han conducido a monstruosidades, pero en ningún caso se ha asistido al nacimiento de un nuevo organismo que haga pensar en una macroevolución de la especie. Esto es así tanto si se trata de mutaciones endógenas del ADN, como de mutaciones sobrevenidas por causas exógenas como las exposiciones a fuertes radiaciones ionizantes, que como es sabido pueden provocar errores que se copien y transmitan a la descendencia. Son tristemente conocidos los casos de los hijos de víctimas supervivientes de los bombardeos atómicos de Hiroshima y Nagasaki pero afectados por la radioactividad y también los casos los hijos de las personas irradiadas a causa de la explosión y exposición del reactor de la ruinosa central nuclear atómica de primera generación de Chernóbil, en la antigua Unión Soviética. Los creacionistas modernos citan también el caso, al que ya me he referido, de las mutaciones de las bacterias en defensa de un antibiótico específico, las cuales, al mutar para resistirlos, no se convierten en otra especie. Reivindican además los experimentos de laboratorio realizados por Thomas Hunt Morgan (1866-1945), mucho antes del descubrimiento del ADN, sobre la mosca de la fruta y el mosto, la *drosophila melanogaster*: desde 1908 y durante treinta años, Hunt Morgan expuso las moscas a experimentos de todo tipo, obligándoles a soportar, entre otras cosas, frío y calor, hambre y sed, rayos luminosos ultravioletas, infrarrojos y la radiación de Röntgen, los llamados rayos X. Obtuvo multitud de mutaciones, por otra parte, la gran mayoría debilitantes: moscas con doce patas en lugar de seis, vello más largo o más corto, variaciones en los ojos y cosas así, pero en ningún caso apareció en la descendencia de esas moscas un nuevo tipo de organismo del que se pudiera hablar de macroevolución, es decir, de una mutación de especie. Los creacionistas contemporáneos prestan especial atención a la falta de descubrimiento del llamado eslabón perdido. Señalan que los evolucionistas, desde 1860, el año siguiente a la publicación de *El origen de las especies*, presentaron algunas pruebas de la evolución del *Archaeopteryx*, fósil encontrado en estratos geológicos de la era del Jurásico Superior, es decir de unos 150 millones de años y que ese descubrimiento se había considerado como el eslabón intermedio entre reptiles y aves y señalan que hace ya tiempo la paleontología sostiene por el contrario que, considerando la estructura de la complexión de ese animal, es decir, plumas, alas, huesos huecos, se trataba ya de un ave y no de un ser intermedio, aunque tuviera, al contrario de las especies avícolas modernas, los dedos de las articulaciones anteriores libres y dotadas de garras, dientes en las mandíbulas y una cola vertebrada y presentara además un anillo esclerótico que haría las funciones de diafragma. En otras palabras, ese animal volador, con respecto al tiempo, aparecía inmediatamente después de los reptiles, pero no era un mero esbozo de ave, al tener características aviares esenciales, por lo que su descubrimiento, concluyen, no es el del un eslabón perdido y, por tanto, no ha corroborado de hecho la teoría del autoevolucionismo. Por otro lado, los creacionistas exponen que la aparición de las especies parece ser repentina, como si, interpretan, se crearan cada vez en un momento, en los diversos tiempos sucesivos, y hacen notar la aparición súbita en masa y grupos homogéneos de ciertas plantas, respectivamente durante las eras del Precámbrico, el Cámbrico, el Jurásico, el Silúrico Inferior, el Carbonífero Superior y el Cretáceo, como por ejemplo las algas azules que aparecen todas en el Precámbrico, junto con las bacterias, mientras que hacen falta otros dos mil millones de años para la aparición repentina, en el Cámbrico Superior, de las algas verdes y los hongos y las plantas vasculares aparecen, siempre de repente, mucho tiempo después, en el Silúrico. Y en lo que respecta al reino animal, los creacionistas usan, entre otros, el ejemplo de los invertebrados aparecidos en masa en el Cámbrico, mientras que solo en el posterior Silúrico aparecen, siempre en masa, los vertebrados. Afirman con convicción, criticando la teoría de la evolución procedente de mutaciones lentas y continuas, es decir, el darwinismo, que serían necesarios plazos inmensamente mayores de los transcurridos desde el inicio de la vida sobre nuestro planeta, entre 3,8 y 4 mil millones de años, para que esas mutaciones no solo produjeran los maravillosos resultados que conocemos, con el ser humano como culminación, sino siquiera seres primitivos complejos.

Si los creacionistas no contestan al evolucionismo apelando a simples preceptos bíblicos y buscan por el contrario falsar esa teoría sobre bases científicas, no me parece que hayan aportado sin embargo ningún dato que corrobore la tesis de que Dios haya creado, a lo largo del tiempo, a partir de la materia en bruto nuevas especies hasta suscitar, siempre a partir de materia no viviente, el *Homo sapiens sapiens*.

7
Sobre la teoría de la evolución a saltos o del equilibrio puntuado

Hemos visto que, igual que la causa original del Big Bang y la evolución cósmica no pueden ser objeto de la ciencia, tampoco se puede investigar experimentalmente la causa determinante de la evolución biológica, porque la causa solo es hipotizable, más allá de la experiencia. Otra cosa es examinar debidamente, a través de la misma experiencia, las pruebas experimentales de la evolución y, en estas investigaciones, tratar de entender si se desarrolla solo por mutaciones lentas y continuas o bien *también* por saltos repentinos.

Los creacionistas rechazan no solo el autoevolucionismo casual, sino, al contrario que los evolucionistas teístas, también la idea de una evolución que, además de por mutaciones bastante lentas y graduales, se produzca mediante mutaciones periódicas y determinantes por saltos, teoría esta llamada oficialmente «del equilibrio puntuado» y comúnmente llamada también saltacionismo. Esta, si se corroborara, anularía la objeción sobre el transcurso relativamente bastante breve de tiempo para llegar a los maravillosos resultados que conocemos y sobre todo al ser humano, a partir de menos de 4 mil millones de años, de esa amalgama que los evolucionistas actuales llaman el «caldo primordial» y que ya Darwin había hipotetizado bajo la expresión «pequeña charca tibia». Según los creacionistas, la teoría del equilibrio puntuado, en la que cada punto significa un salto evolutivo, es solo una tentativa artificiosa de los neodarwinistas de eliminar la dificultad creada por la ausencia de los eslabones perdidos. Como hacen notar, no explica de hecho cómo se producirían los saltos. Esto es verdad por el momento, pero persiste el hecho de que una hipótesis científica no se verifica siempre en poco tiempo, sino que habitualmente hace falta mucho tiempo para conseguir pruebas determinantes y transformar la mera hipótesis en teoría. Y aunque también es cierto que a la teoría del equilibrio puntuado tiene que superar la dificultad de la falta de hallazgo de fósiles de seres intermedios, es decir, de la integración de la teoría de la autoevolución causal para muy pequeñas mutaciones continuas, sospecho que la crítica a esa hipótesis surge en la mente de los creacionistas no por no ser una teoría científica digna de profundización, sino del sencillo hecho de que, como el darwinismo clásico, no proviene de científicos creyentes: me parece que también aquí se produce una confusión entre el campo científico y el metafísico. Por tanto, veamos un poco más de esta idea del equilibrio puntuado, nacida en 1972 de la mente de los paleontólogos estadounidenses Niles Eldredge (1943) y Stephen Jay Gould (1941 -2002).

> El difunto Stephen Jay Gould era profesor de geología y zoología en la Universidad de Harvard y de biología en la Universidad de Nueva York y además de científico y autor de textos especializados, era un gran divulgador. Niles Eldredge es profesor adjunto en la City University de Nueva York y responsable del Departamento de Invertebrados del Mueso Americano de Historia Natural y especialista en trilobites de la era Paleozoica.

Según estos dos investigadores, la evolución por norma sí tendría mutaciones mínimas en las especies, como suponía Darwin, de manera que los resultados solo se evidenciarían después de millones de años, pero cada tanto, un *tanto* de millones de años, se produciría un salto repentino por el cual una especie animal o vegetal concreta aceleraría de golpe su evolución, un poco como si adivinara espontáneamente la mutación apropiada, dando lugar a un nuevo organismo más apropiado para prosperar. El hombre sería el producto más claro de esos saltos, gracias a una modificación morfológica repentina y aparentemente sin importancia, que es la del pulgar oponible que, sin duda, le proporcionó una ventaja drástica con respecto a todas las demás especies, ventaja que sin saltos habría podido requerir muchos millones de años, mientras que el *Homo sapiens sapiens* existe como máximo desde hace solo unos pocos centenares de miles. La idea se les había ocurrido a los dos científicos por el hecho de que no se han encontrado nunca vínculos intermedios, los populares eslabones perdidos, entre unas y otras especies. Según sus trabajos, Darwin no ha sido nunca interpretado de manera correcta y debería revisarse con más cuidado. Los dos autores califican como ultraevolucionistas a los que, a su parecer, no han entendido a fondo las ideas darwinianas y consideran a la selección natural como la actriz protagonista de la evolución, mientras que llaman naturalistas a los demás, incluido Charles Darwin y, evidentemente a ellos mismos, Niles Eldredge y Stephen Jay Gould.

Creo que esa teoría pueden considerarla los evolucionistas creyentes, porque no parece discrepar con la Biblia y en particular con la visión del Génesis de Dios creador y ordenador del universo. A la ciencia le queda la tarea de verificar, o por el contrario falsar, esa teoría a través de experimentos.

8

Pareceres de algunos de los últimos papas

Papa Pío XII

En la encíclica *Humani generis* del 22 de agosto de 1950, este pontífice declaraba que el estudio de la hipótesis evolucionista no iba en contra del credo católico, siempre que se refutase la idea de las mutaciones casuales y se aceptara la idea de un proyecto evolutivo divino.

En el momento de su papado, ya hubo numerosos descubrimientos de fragmentos fósiles de cráneos de humanoides con fémures que indicaban la postura erecta de sus poseedores y no podían ser ignorados por la Iglesia. Los primeros restos de *Homo erectus*, el llamado Pitecántropo de Java, se habían descubierto ya en 1890 y otros restos fueron también descubiertos en 1936 en el mismo lugar. También se encontraron restos entre 1929 y 1937 de otro *Homo erectus*, mejor dotado que el anterior, el Hombre de Pekín y entre los paleoantropólogos que lo descubrieron estaba uno muy apreciado por Pío XII, el padre jesuita Pierre Teilhard de Chardin, también geólogo. En esas mismas décadas se encontraron en África los primeros fósiles de australopiteco: antes, en 1924, el paleoantropólogo Raymond Dart había descubierto un cráneo pequeño de *Australopitecus gracilis*, luego denominado *Australopitecus africanus*, y luego en 1938 Robert Broom descubrió restos fósiles de un australopiteco adulto, llamado *Australopitecus robustus*. Entretanto, tras el redescubrimiento en el siglo XX de las leyes hereditarias de Mendel, que habían permanecido en el olvido durante muchos años, y tras el surgimiento de la bioquímica y los primeros estudios de la estructura del ADN, habían nacido entre los científicos hipótesis precisas sobre los mecanismos que determinan las mutaciones de las especies a lo largo del tiempo y la síntesis de esas teorías se agrupó en la llamada «teoría sintética de la evolución», que pronto fue de dominio público gracias a los medios de información. Por otro lado, la idea de la evolución ya había sido aceptada por exponentes del mundo católico, como el teólogo jesuita Karl Rahner, uno de los principales protagonistas de la reflexión innovadora en la Iglesia, que habría llevado al viraje determinante del Concilio Vaticano II, y el citado paleoantropólogo y geólogo padre Pierre Teilhard de Chardin: como veremos en el próximo capítulo, este último fue autor de textos de antropología y teológicos. Estos últimos fueron publicados por terceros solo después de la muerte del autor y, poco después, padecieron la acusación de panteísmo por parte del Santo Oficio, cuando hacía tiempo que el papa Pío XII había muerto, igual que el padre Pierre, por lo que aquel pontífice no pudo conocer las ideas teológicas de Teilhard, sino solo la actividad científica del autor.

Por tanto, Pío XII, en la encíclica *Humani generis* había declarado oficialmente conciliable con el credo católico la *hipótesis* evolucionista, siempre que se rechazara el darwinismo ateo basado en el azar, es decir, el autoevolucionismo, y había admitido también el estudio de la *hipótesis* creacionista. El Papa distinguía en la encíclica el concepto de teoría científica, es decir, de una teoría verificada con pruebas experimentales, del de hipótesis científica, es decir, una conjetura pendiente de demostración, y había evidenciado que el evolucionismo era, al menos por el momento, una hipótesis, como también lo era el creacionismo, pero una hipótesis seria, digna de investigación profundización racional. Para este pontífice, no había enfrentamiento entre la concepción cristiana del ser humano hijo de Dios y la idea de la evolución de las especies, a condición no solo de que, como se ha dicho, se rechazase evidentemente la idea de las mutaciones casuales, sino también de que no se perdiera de vista conceptos básicos del libro del Génesis, como la creación de cada persona (se considera que la figura de Adán = El hombre es representativa de todos los hombres, varones y hembras, de todo tiempo) tanto en cuerpo como en alma (*psyché*) a imagen y semejanza de Dios, como consecuencia de una decisión singular divina en cada caso: un ser humano en el que Dios mismo está presente vivificándolo con el mismo espíritu divino (*pneyma*).

> El término griego *psyché* se corresponde con el hebreo *nèfesh*, el latino *anima* y el español *alma*. No significa aliento, ni ánimo, ni espíritu, que en griego es *pneyma* y en hebreo *ruàh* (o *ruàch* según la pronunciación). En la Biblia, el vocablo alma se indica en contextos en los cuales se entiende que se refiere a la persona entera, es decir, al hombre como ser vivo. Por ejemplo, en el Génesis 2:7: «Entonces Jehová Dios formó al hombre del polvo de la tierra, sopló en su nariz aliento de vida y fue el hombre un ser viviente». En la Primer Epístola de Pedro, 3:20, leemos: «(...) en los días de Noé (...) pocas personas, es decir, ocho, fueron salvadas por agua» y en la Primera Epístola a los Corintios, 15:45, Pablo afirma: «Así también está escrito: "Fue hecho el primer hombre, Adán, alma viviente"». El último Adán, dice también Pablo es «espíritu que da vida» y advirtamos que el último (o el segundo) Adán es Jesucristo y que, por tanto, para el apóstol de los gentiles es también espíritu divino que vivifica, es decir, que abre a la humanidad a la vida eterna.

Dicho con otras palabras, Pío XII admitía el estudio de la hipótesis evolucionista teísta, es decir, la de la proveniencia del hombre de la materia orgánica precedente originada también por Dios, y la colocaba al nivel de la narración clásica del Génesis según la cual el ser humano fue creado directamente de la tierra, es decir, de la materia inorgánica creada por Dios y no evolucionada en orgánica y el Papa ponía esta tesis tradicional en libre cotejo con la otra. De esa manera no adoptaba una postura oficial, ni por el creacionismo, ni por el evolucionismo teísta y consideraba con reservas la hipótesis evolucionista en el sentido de que, si nuevos descubrimientos y los estudios de los fósiles no nos llevaran a hacer de esa hipótesis una teoría científica, en la práctica prevalecería la otra, la clásica de la creación de Adán a partir de materia inerte no orgánica. En cuanto a la hipótesis evolucionista, creía en una progresiva transformación de la forma del humanoide, todavía una bestia, según un preciso proyecto divino, hasta la concepción en un momento concreto, sin ningún ser intermedio entre bestia y hombre, del ser humano-Adán dotado de alma por Dios. En la encíclica *Humani generis* está escrito que «las almas han sido creadas directamente por Dios». Esa afirmación no debe sin embargo entenderse en el sentido de Dios haya creado un alma poniéndola en un animal con cerebro suficientemente evolucionado como para acogerla, sino que la afirmación de que alma es creada directamente por Dios implica un vínculo con un cuerpo no bestial y por el contrario humano, y por tanto apto para recibirla: el cristiano se equivoca si piensa que un animal lo suficientemente evolucionado recibió de Dios, en un determinado momento, un alma humana cuando el animal ya era en sí mismo un ser completo, según otros proyectos divinos, pues no es así o, según la teoría de la evolución teísta, no evolucionó hasta recibir el alma humana en un momento concreto. El primer *Homo sapiens sapiens* es una criatura completamente nueva, es concebido como hombre verdadero en cuerpo y psique-alma. En otras palabras, mientras que los padres materiales-animales de la especie de Adán, es decir, de todos los seres humanos de todos los tiempos, son todavía enteramente bestias, sus hijos, igual que sus descendientes, son directamente humanos en su totalidad.

El papa Pío XII sencillamente afirmaba lo que estaba en el pensamiento de la Iglesia desde sus primeros tiempos, es decir, que Dios creó a la persona humana entera, dotada de alma (*psyché*) y de cuerpo (*soma*).

Pio XII, monogenismo y poligenismo

Ese Papa también rechazaba el llamado *poligenismo*, según el cual la humanidad sería descendiente no de una pareja única primigenia de seres humanos, como decía el *monogenismo*, sino de diversos progenitores que habrían originado las diversas *razas*.

> El poligenismo, que tanto gustaba a Hitler y los suyos, desemboca fácilmente en el racismo, por ejemplo haciendo creer que los seres humanos de piel negra son inferiores a los indoeuropeos, al suponer que los negros descienden de otra pareja.

Pío XII quería que fuera evidente la descendencia de todo el género humano solo de Adán, hombre y mujer,[30] es decir, de una primera pareja querida y creada directamente por Dios con la infusión del alma-*psyché* en los dos progenitores de la humanidad. Para el papa Pío XII no era aceptable, y tampoco lo es hoy para cualquier cristiano, por ser contraria al dictado bíblico, la idea de que el nombre Adán indicase todos los muchos progenitores de las diversas especies humanoides cuyos ejemplares, a pesar del nombre *científico* de *Homo*, no pueden considerarse *bíblicamente* hombres, incluido, como ya hemos explicado, uno de los más evolucionados, el *Homo sapiens neardenthalensis*. Según la Iglesia en todas la épocas, indudablemente Dios ha creado todo según Sus planes y por tanto podemos decir en la

---

[30]Génesis 1:27: «Y creó Dios al hombre a su imagen, a imagen de Dios lo creó; varón y hembra los creó».

actualidad que hizo lo mismo con los humanoides de las diversas especies *Homo*, siendo elementos de la misma creación, pero no del mismo proyecto, revelado bíblicamente, relativo a nosotros, los humanos de la estirpe *Homo sapiens sapiens*. En otras palabras, los fieles no podían ni pueden aceptar la idea poligenética de que aparte del mismo *Homo sapiens sapiens* hayan existido sobre la tierra *seres humanos reales* que no se hayan originado, por generación natural, a partir de la primera pareja de nuestra especie.

Papa Juan Pablo II

Décadas después, en 1986, la teoría teísta de la evolución fue aceptada por uno de los sucesores del papa Pío XII, Juan Pablo II. Se produjo por primera vez en el curso de la habitual audiencia general pontificia de los miércoles y exactamente el miércoles 16 de abril de 1986. En el posterior 28 de octubre, durante un discurso en la Academia Pontificia de las Ciencias[31] con ocasión del cincuentenario de su fundación, el Papa, mostrando el gran interés de la Iglesia por la investigación científica, aseguraba que «hoy la Iglesia, lejos de refugiarse en una mirada apologética o defensiva, se hace más bien intérprete de la ciencia y de la razón, de la

---

[31]El texto completo del discurso se encuentra en el sitio web del Vaticano, a cargo de la Libreria Editrice Vaticana.

libertad de investigación, para legitimar la verdadera ciencia. Como institución constituida junto a la Santa Sede, la Academia Pontificia de las Ciencias testimonia la armonía entre la Iglesia y los hombres de ciencia y su sostenimiento recíproco es una reclamación de los valores de la conciencia en el mundo científico». Una década después, pasados más de 46 años de la *Humani generis*, Juan Pablo II se extendía prolijamente sobre el evolucionismo en un mensaje a los miembros de la Academia Pontificia de las Ciencias reunidos en asamblea plenaria el 22 de octubre de 1996.[32] Entre otras cosas, declaraba a los académicos: «En su encíclica *Humani generis* (1950), mi predecesor Pío XII ya había afirmado que no había oposición entre la evolución y la doctrina de la fe sobre el hombre y su vocación, con tal de no perder de vista algunos puntos firmes. (…) Hoy, casi medio siglo después de la publicación de la encíclica, nuevos conocimientos llevan a pensar que la teoría de la evolución es más que una hipótesis. (…) Es notable que esta teoría se haya impuesto paulatinamente en el espíritu de los investigadores, a causa de una serie de descubrimientos hechos en diversas disciplinas del saber. La convergencia, de ningún modo buscada o provocada, de los resultados de trabajos realizados

---

[32]Se puede leer el texto completo del mensaje a cargo de la Libreria Editrice Vaticana, en el sitio web del Vaticano, en la página http://w2.vatican.va/content/john-paul-ii/es/messages/pont_messages/1996/documents/hf_jp-ii_mes_19961022_evoluzione.html.

independientemente unos de otros, constituye de suyo un argumento significativo en favor de esta teoría. (…) Y, a decir verdad, más que de la teoría de la evolución, conviene hablar de las teorías de la evolución. Esta pluralidad afecta, por una parte, a la diversidad de las explicaciones que se han propuesto con respecto al mecanismo de la evolución, y, por otra, a las diversas filosofías a las que se refiere. Existen también lecturas materialistas y reduccionistas, al igual que lecturas espiritualistas. Aquí el juicio compete propiamente a la filosofía y, luego, a la teología. (…) La teoría prueba su validez en la medida en que puede verificarse, se mide constantemente por el nivel de los hechos; cuando carece de ellos, manifiesta sus límites y su inadaptación. (…) En consecuencia, las teorías de la evolución que, en función de las filosofías en las que se inspiran, consideran que el espíritu surge de las fuerzas de la materia viva o que se trata de un simple epifenómeno de esta materia, son incompatibles con la verdad sobre el hombre. Por otra parte, esas teorías son incapaces de fundar la dignidad de la persona. Así pues, refiriéndonos al hombre, podríamos decir que nos encontramos ante una diferencia de orden ontológico, ante un salto ontológico». Por tanto, este papa puntualizaba que no hacía falta hacer coincidir el evolucionismo con el darwinismo ateo, sino hablar de diversas teorías de la evolución basadas en diferentes filosofías. Ratificaba que para la teoría evolucionista se podía ya hablar de probabilidad positiva tras las múltiples confirmaciones de la hipótesis a lo largo de los siglos XIX y XX, con viejos y nuevos hallazgos de fósiles y su valoración cronológica, basándose en los estratos geológicos de su descubrimiento además de debido a los exámenes de sus restos. Todo unido, para este papa la evolución, que consideraba indudablemente no debida al azar, sino a un proyecto divino, había llevado de modo finalista a los seres vivientes al nacimiento del hombre. Juan Pablo II hablaba de un salto existencial realizado con la creación de Adán y con la participación inmediata del hombre de la dignidad divina. De hecho el *Homo sapiens sapiens* fue creado, según el Génesis, a imagen del Creador, lo que equivale a decir no solo con una mente humana, sino también con un cuerpo humano como el del propio Dios en la segunda Persona encarnada en Jesucristo y habiendo insuflado Dios su espíritu de vida en el hombre y soplado la misma Razón-Logos en su alma-mente. Gracias a todo esto, la persona en cuerpo y alma tenía naturaleza humana y filiación divina. En su intervención, Juan Pablo II afirmaba que no había problema en explicar el origen del hombre mediante el evolucionismo, porque eso se refería a una ley de Dios. Y añadía que era sin embargo inaceptable considerar el espíritu del hombre derivado de las fuerzas de la materia, cuando no además como un epifenómeno material sobrevenido en un cierto momento, es decir, como un fenómeno secundario que no modifica el principal de la autoevolución casual según el darwinismo: para esta hipótesis atea, solo importaría la materia y no habría espíritu de vida originado por Dios y la dignidad de la persona no estaría adecuadamente justificada, precisamente porque el hombre no sería hijo de Dios, sino de la materia, es decir, porque no existiría el «aliento de vida» divino en el «polvo de la tierra» modelado por el mismo Dios.

> *«Entonces Jehová Dios formó al hombre del polvo de la tierra, y sopló en su nariz aliento de vida, y fue el hombre un ser viviente»* (Génesis 2:7).

Advirtamos que desde los primeros años de la década de 1960, en el curso del concilio ecuménico Vaticano II y precisamente en la constitución conciliar *Gaudium et Spes* (n. 24), se afirma con contundencia por los padres conciliares que el ser humano es la única criatura que quiso Dios por sí misma y por tanto no puede considerarse en modo alguno instrumento de la especie a la que pertenece. Y Juan Pablo II se refería expresamente a esta constitución al observar, igual que Santo Tomás de Aquino en la *Summa theologica*,[33] que la

---

[33]*Summa theologica*, I-II, q. 3, a. 5, ad 1.

semejanza del ser humano con Dios reside en primer lugar en su inteligencia especulativa, lo que equivale decir en su alma racional individual, y que la relación de la inteligencia especulativa humana con el objeto de su conciencia es similar a la del Dios con el mismo ser creado. La dignidad de cada ser humano viene dada desde el espíritu de Dios que ha llamado a esa persona a la vida y que está presente en ella, manteniéndola viva sobre la tierra y luego en la vida eterna, criatura humana que de este modo ya es capaz de pensar y querer a Dios y que, según la Revelación, es llamada expresamente a entrar en una relación de conocimiento y de amor con el Creador, relación que tendrá su completo desarrollo después de la muerte, en la eternidad.

Juan Pablo II concluía el discurso sobre el evolucionismo a los miembros de la Academia Pontificia de las Ciencias recordando que en el Evangelio según San Juan la palabra *vida* indica teológicamente esa luz divina que da Jesucristo al ser humano y que es un todo único con la misma vida, no solo en el sentido de que toda persona es invitada a entrar en la eternidad del amor infinito de Dios después de la muerte terrenal, sino también en el sentido, según el cuarto evangelista, de que la vida eterna está ya aquí en el amor al prójimo, en la sublimación de la vida terrenal a imitación de la acción de Jesucristo:

«Para terminar, deseo recordar una verdad evangélica que podría iluminar con una luz superior el horizonte de vuestras investigaciones sobre los orígenes y sobre el desarrollo de la materia viva. La Biblia, en realidad, contiene un mensaje extraordinario de vida. Al caracterizar las formas más elevadas de la existencia, nos ofrece de hecho una visión de sensatez sobre la vida. Esta visión me ha iluminado en la encíclica que he dedicado al respeto de la vida humana y que he titulado precisamente *Evangelium vitae*. Es significativo el hecho de que, en el Evangelio de San Juan, la vida designe la luz divina que nos transmite Cristo. Somos llamados a entrar en la vida eterna, es decir, a la eternidad de la beatitud divina».

Papa Benedicto XVI

También este pontífice, ahora Papa emérito, cuando se sentaba en la cátedra de Pedro, intervino sobre el tema de la evolución. Habló en el curso de una homilía pronunciada durante la misa en la explanada del Islinger Feld en Ratisbona, el martes 12 de septiembre de 2006: dijo que viene de Dios y que los fieles no tienen nada que temer frente a las teorías que niegan a Dios.[34] Esencialmente, también el Papa

---

[34] Se puede leer el texto completo de esta homilía en la siguiente página de Internet, publicada por la Libreria Editrice Vaticana: http://w2.vatican.va/content/benedict-xvi/es/homilies/2006/documents/hf_ben-xvi_hom_20060912_regensburg.html.

emérito tiene la idea de que la evolución es aceptable siempre que no se piense que debe a la selección natural casual: «Creemos en Dios. Esta es nuestra opción fundamental. Pero, nos preguntamos de nuevo: ¿es posible esto aún hoy? ¿Es algo razonable? Desde la Ilustración, al menos una parte de la ciencia se dedica con empeño a buscar una explicación del mundo en la que Dios sería superfluo. Y si eso fuera así, Dios sería inútil también para nuestra vida. Pero cada vez que parecía que este intento había tenido éxito, inevitablemente resultaba evidente que las cuentas no cuadran. Las cuentas sobre el hombre, sin Dios, no cuadran; y las cuentas sobre el mundo, sobre todo el universo, sin él no cuadran. En resumidas cuentas, quedan dos alternativas: ¿Qué hay en el origen? La Razón creadora, el Espíritu creador que obra todo y suscita el desarrollo, o la Irracionalidad que, carente de toda razón, produce extrañamente un cosmos ordenado de modo matemático, así como el hombre y su razón. Esta, sin embargo, no sería más que un resultado casual de la evolución y, por tanto, en el fondo, también algo irracional. Los cristianos decimos: "Creo en Dios Padre, Creador del cielo y de la tierra", creo en el Espíritu Creador. Creemos que en el origen está el Verbo eterno, la Razón y no la Irracionalidad. Con esta fe no tenemos necesidad de escondernos, no debemos tener miedo de encontrarnos con ella en un callejón sin salida. Nos alegra poder conocer a Dios. Y tratamos de hacer ver también a los demás la racionalidad de la fe, como San Pedro exhortaba explícitamente, en su Primera Carta a los cristianos de su tiempo, y también a nosotros».

Por otro lado, antes, cuando era el profesor teólogo Joseph Alois Ratzinger, en el ensayo *Introducción al cristianismo*[35] había mostrado su estima recordando las ideas evolucionistas de Teilhard de Chardin, el estudioso al que volveremos a encontrar en el capítulo siguiente. Posteriormente el entonces cardenal Ratzinger, incluso después de haberse convertido el 25 de noviembre de 1981 en Prefecto de la Congregación por la Doctrina de la Fe, el antiguo Santo Oficio, no ha manifestado ninguna opinión distinta.

> Como ya señalé en un trabajo anterior,[36] Benedicto XVI escribió entre otras cosas, a propósito de Teilhard, que «si a Jesús se le llama "Adán" [en el Nuevo testamento, n. del a.] se quiere decir que está destinado a concentrar en sí toda la naturaleza de "Adán". ¿Pero esto qué significa?: esa realidad, ahora para nosotros bastante incomprensible,

---

[35]Reimpreso multitud de veces: Joseph Ratzinger, *Introduzione al Cristianesimo - Lezioni sul Simbolo apostolico*, op. cit.; consultar en particular las páginas 77, 226 y ss., 294, 309, relativas a Teilhard de Chardin. [Publicado en España como *Introducción al cristianismo* (Ediciones Sígueme, 2002)].
[36]*È Uomo*, op. Cit.

a la que San Pablo llama "cuerpo de Cristo" es una exigencia íntima de esa existencia, que no puede ser una excepción, sino que debe atraer hacia sí a toda la humanidad (cf. Juan 12:32). Hay que atribuir un gran mérito a Teilhard de Chardin por el hecho de haber vuelto a pensar de una manera nueva estas relaciones a partir de la imagen moderna del mundo y, a pesar de una tendencia no del todo inmune de sospechas de simpatía con el biologismo, de haberla comprendido de una forma completamente correcta y, por tanto, de haberla hecho de nuevo accesible. (…) El hombre (…) representa la máxima complejidad hasta ahora alcanzada. Pero él, como simple hombre-mónada, tampoco puede representar el fin. Su propio devenir exige un movimiento ulterior de complejización (…) El hombre es, sí, por un lado, ya un punto terminal, que no se puede hacer retroceder ni liquidar. Sin embargo, en el coexistir de los individuos humanos no se ha llegado todavía a la meta, sino que se muestra, por decirlo así, como un elemento que aspira a una totalidad que lo comprenda, sin destruirlo. (…) Teilhard ve así la meta final de todo el movimiento: el flujo cósmico se mueve "en dirección hacia una condición inimaginable, casi monomolecular (…) en la que cada Ego (…) está destinado a llegar a su culminación en una especie de misterioso 'Superego'". El hombre en cuanto "yo" es, sí, un punto de destino, pero la orientación del movimiento del ser y de su propia existencia se muestra contemporáneamente como una estructura que forma parte de un "superyó", que no lo disuelve, sino que lo comprende. Por tanto, en este estudio de unificación puede aparecer la forma del hombre futuro, en la que el hombre-ser estará completamente unido a su meta. Creo que se puede admitir tranquilamente que, partiendo de la visión actual del mundo e indudablemente con un vocabulario a veces demasiado cercano al biólogo, está sin embargo sustancialmente siguiendo la línea de la cristología paulina y haciéndola nuevamente comprensible. La fe ve en Jesús el hombre que (siguiendo el esquema biológico) es, por decirlo así, el que completa el próximo salto evolutivo, el hombre en el que ya se ha producido la superación de los límites de nuestro hombre-ser, de su aislamiento monádico, el hombre en el que la personalización y la socialización ya no se excluyen; el hombre en el que la unidad suprema (el "cuerpo de Cristo", dice San Pablo, y añade, todavía más incisivamente: "todos vosotros sois uno en Cristo Jesús" [Gálatas 3:28]) y la extrema individualidad forman un todo único. (...) La fe verá en Cristo el inicio de un movimiento que en el cual la humanidad dividida se recompondrá gradualmente en el ser de un único Adán, en un único "cuerpo": el del hombre que debe venir. Verá en él el movimiento hacia ese futuro del hombre, en el que este será enteramente "socializado", incorporado en un Único, pero sin que lo singular se disuelva, sino que se reconduzca plenamente a sí mismo. No sería difícil demostrar cómo la teología de Juan se orienta en la misma dirección. Recordemos solo la breve afirmación (...): "Y yo, si fuere levantado de la tierra, a todos atraeré a mí mismo" (Juan, 12:32). (...) Cristo, en cuanto hombre venidero, no es el hombre por sí mismo, sino más bien esencialmente el hombre para los demás. Es el hombre del futuro en cuanto hombre totalmente abierto».

Está bastante claro que el teólogo, después de haber realizado obviamente las debidas distinciones en relación con las «simpatías por el biologismo» de Teilhard y por su lenguaje bastante ambiguo y susceptible de confundir al lector mediante un vocabulario excéntrico en el campo biológico, considera con mucho interés los escritos teológicos de este.

Papa Francisco

No me consta que por el momento este pontífice se haya pronunciado sobre la teoría de la evolución de las especies. Es verosímil pensar que se encuentra en las posiciones evolucionistas de acuerdo con la idea del diseño inteligente divino. Su formación universitaria es sobre todo científica: contrariamente a lo que se ha dicho, no logró solo el grado de técnico químico en una escuela industrial, sino que posteriormente se graduó en ciencias químicas (grado de máster) en la Universidad de Buenos Aires. Solo posteriormente se doctoró también en filosofía en la

Universidad Católica de la misma capital.[37] También se puede tener en cuenta que es jesuita, el primer papa jesuita de la historia y que la Compañía de Jesús es desde su inicio la orden religiosa más atraída por la ciencia.

> Aparte del gravísimo error del siglo XVII a propósito de Galileo Galilei (la orden jesuita estuvo entre las responsables de la solicitud de abjuración del heliocentrismo requerida al científico) destaca particularmente la investigación astronómica de los padres jesuitas. Discutían con el pisano también a propósito de los cometas, en este caso teniendo ellos la razón, porque Galileo creía que eran meros efectos ópticos, mientras que para los jesuitas se trataba de objetos siderales. En la Specola Vaticana, el observatorio astronómico de la Santa Sede, dirigido por los jesuitas, trasladado del Vaticano a Castel Gandolfo en la década de 1930, se han realizado

---

[37]Cf. «Cardinal Jorge Bergoglio: a profile», http://www.catholicherald.co.uk/news/2013/03/13/cardinal-bergoglio-profile/: «He studied and received a master's degree in chemistry at the University of Buenos Aires, but later decided to become a Jesuit priest and studied at the Jesuit seminary of Villa Devoto.He studied liberal arts in Santiago, Chile, and in 1960 earned a degree in philosophy from the Catholic University of Buenos Aires. Between 1964 and 1965 he was a teacher of literature and psychology at Inmaculada high school in the province of Santa Fe, and in 1966 he taught the same courses at the prestigious Colegio del Salvador in Buenos Aires. In 1967, he returned to his theological studies and was ordained a priest Dec. 13, 1969». [«Estudió y obtuvo un grado en química en la Universidad de Buenos Aires, pero posteriormente decidió convertirse en sacerdote jesuita y estudió en el seminario jesuita de Villa Devoto. Estudió artes liberales en Santiago de Chile y en 1960 se graduó en filosofía en la Universidad Católica de Buenos Aires. Entre 1964 y 1965 fue profesor de literatura y psicología en el Colegio de la Inmaculada de Santa Fe y en 1966 impartió las mismas asignaturas en el prestigioso Colegio del Salvador en Buenos Aires. En 1967, volvió a los estudios teológicos y fue ordenado sacerdote el 13 de diciembre de 1969»].

importantes investigaciones siguiendo una tradición que se remonta al siglo XVII. Destacan los estudios del padre Angelo Secchi, que han dado origen a la ciencia de espectroscopia estelar, es decir, al estudio de la composición química de las estrellas sobre la base del espectro electromagnético, ahora mismo la actividad principal de la propia Specola. Hace algunos años, los astrónomos jesuitas abrieron, en colaboración la Universidad del Estado de Arizona, un observatorio más funcional en ese estado, un telescopio VATT, situado en Mount Graham, cerca de Tucson.

Como demuestran artículos de miembros de la orden, los jesuitas contemporáneos aceptan la teoría de la evolución de las especies. Se puede ver en particular el largo artículo de **Giuseppe De Rosa**, en la revista jesuita *Civiltà Cattolica*, «L'origine dell'uomo. Evoluzione e Creazione».[38]

> Esta es la presentación del trabajo en el sumario: «El artículo evidencia que la aparición del hombre sobre la Tierra se produjo lentamente y mediante modificaciones sucesivas. Por tanto, la "hominización" se produjo por "evolución", algo que hoy ya no puede considerarse una mera "hipótesis", sino una verdadera "teoría", aunque algunos aspectos de ella sigan sin esclarecerse. El artículo presenta las líneas esenciales de este proceso evolutivo, mostrando que con el *Homo sapiens sapiens* sin duda se

---

[38] Número 3715, del 02/04/2005, *Civiltà Cattolica* II 3-104.

llegó al umbral humano: este de hecho piensa, prevé el futuro, habla y tiene sentido artístico y religioso. Pero alcanzar el "umbral de humanidad" se hizo posible por la infusión, por parte de Dios creador, del alma humana en una materia lista para recibirla. Sin embargo, la acción de Dios no suprime la contingencia, los fortuito y el azar, sino que en su providencia los dirige hacia el fin».

Me parece verosímil pensar que el Papa Francisco no haya considerado que tenga que pronunciarse con respecto a la teoría evolutiva, al menos por el momento, al haber considerado satisfactorios los pronunciamientos al respecto por parte de sus predecesores y que haya pensado que hay muchos otros asuntos prioritarios, principalmente la obligación cristiana del amor por el prójimo y el deber de humildad de los dirigentes de la Iglesia.

9

Sobre dos grandes teólogos evolucionistas cristianos del siglo XX: Rahner y Teilhard de Chardin

Karl Rahner

Karl Rahner (1904-1984), miembro de la Compañía de Jesús se licenció en filosofía en Fribrugo bajo la influencia del primer Martin Heidegger (1889-1976), el de *Ser y tiempo*, una obra que trata de argumento fundamental de la investigación existencial desde la metafísica de Platón a la de Aristóteles, el problema ontológico del sentido del ser.

Rahner entendía que para la filosofía existencialista de Heidegger no son conciliables los diversos modos del ser en la realidad, es decir, el ser en sí y los entes que son sus determinaciones concretas, y que esa inconciliabilidad o diferencia, que actúa entre el ser y los entes es entendida negativamente por Heidegger: el ser es algo distinto de un ente y ningún ente puede hacerse equivalente al ser en sí. Y esto se considera en el pensamiento heideggeriano como trascendental con respecto a cualquier ente. El problema del ser es fundamental, tanto por sí mismo como por su capacidad de fundamentar la realidad y la cognición que tiene el ser humano y requiere obligatoriamente una actitud cognoscitiva distante de la dedicada a conocer las sencillas cosas reales. El ser entendido por el contrario como «el ser de una cosa» (tal vez podríamos decir también lo existente, distinto del ser en sí) es lo investigado y en esa investigación se pregunta qué es, es decir, precisamente la cosa: el ente. ¿Qué ente es capaz de responder a una pregunta sobre su ser? *Solo el hombre* es el ente idóneo para plantear de modo claro la pregunta y buscar una respuesta. Así que la antropología es esencial para la ontología, como luego lo será para la teología antropocéntrica de Rahner.

En 1936 Rahner se doctoró también en teología en Innsbruck, donde consiguió la habilitación para la enseñanza de la teología dogmática en 1937, iniciando su propia carrera académica en esa misma facultad teológica. Su primera publicación apareció en 1939. El régimen nazi ya había sin embargo vetado la enseñanza y entonces se ocupaba de actividades pastorales, hasta 1948, cuando volvió a la Universidad de Innsbruck como profesor ordinario de teología dogmática, para pasar en 1964 a la Facultad de Teología de Múnich y finalmente a la de Münster. Entre 1963 y 1965 fue uno de los principales expertos acreditados en el Concilio Vaticano II, a pesar de que antes este filósofo y teólogo había sido considerado sospechoso de herejía en ambientes curiales romanos y hostigado por los conservadores de la Iglesia, pero cuando el 28 de octubre de

1958 fue elegido Papa el reformador Juan XXIII, la situación cambió radicalmente y Rahner fue nombrado consultor del Concilio Vaticano II, convocado por ese pontífice, convirtiéndose en uno de los teólogos católicos más conocidos y seguidos. También el siguiente papa Pablo VI le prestó una gran consideración, convocándolo como su consejero en muchos casos, incluso después del concilio. Sin embargo, tras la muerte de este papa la situación volvió a cambiar en el ámbito de una reacción anticonciliar por parte de círculos eclesiales tradicionalistas que privilegiaban, entre otras cosas, una vuelta a la teología dogmática y en dichos círculos nació una dura crítica hacia las ideas de Rahner.

En particular, Rahner estudió el *problema de la hominización* según la teoría evolutiva teísta, partiendo de la encíclica *Humani generis* del papa Pío XII. Su conclusión era que se podía sostener, manteniéndose dentro de la Revelación y en la plena fe cristiana, que Dios dio la ley evolutiva al mismo universo, tanto física como biológicamente, determinando el paso, en cierto momento, de una especie homínida prehumana, es decir, de una pareja de padres todavía animales, al *Homo sapiens sapiens*, bíblicamente a Adán, haciendo que, por dichas leyes, el primer ser humano y después cada uno de sus descendientes tuviera su propio cuerpo y su propia alma particulares, como quería Dios.

Después del primer Adán, hombre y mujer, todos los *adanes* son esa única persona original que el Creador ha querido con su particularísima decisión para todos los seres humanos, decisión que precede al mundo-tiempo y a la evolución. En otras palabras, todo ser humano desde el principio viene llamado por Dios a la vida como una persona singular e inimitable.

La condición, ya sea existencial sobre la tierra o, en perspectiva, sobre el plano del Ser eterno, del primer ser humano concebido por una pareja todavía bestial es igual a la de cualquier persona sucesiva generada por una pareja humana. El Creador-Evolucionador se valió instrumentalmente, por Adán, de la naturaleza que el propio Dios ha creado y que le pertenece y de las leyes que le ha dado, en particular de la unión sexual entre padres todavía homínidos prehumanos, es decir, no hombres sino *materia* viviente, que, según la voluntad divina, para el fin del plan de Dios de la plasmación del Hombre, generan hijos plenamente humanos en cuerpo y alma. A partir de esa primera generación el cuerpo de cada hombre de cada generación y su alma singular, o psique si lo preferimos, capaz de pensar autónomamente en el Creador y de querer acceder a la gracia divina vienen de Dios.

Hay que recordar por cierto que, según la teología católica, no hay predestinación, sino que todos los seres humanos desde Adán son creados libres, por lo que cuando alcanzan la edad de la razón y se percatan de su propia existencia y de la del mundo, es decir, en términos religiosos, sienten que hay un alma, ejercitan su voluntad en la elección entre el bien y el mal. En la experiencia dentro del mundo que deriva de cualquier acto libre de elección del alma única creada por Dios, la misma alma-psique se modifica de diversas maneras, para el bien o para el mal, valiéndose de las sinapsis cerebrales que son parte del cuerpo, también creado por Dios.

En términos filosóficos, Rahner escribe que el origen de la vida hay que atribuirlo enteramente a Dios como *causalidad primaria*, es decir, como creación, mientras que hay que referirse a la generación del contexto de la evolución como *causalidad secundaria*. En otras palabras, Dios es la base espiritual-trascendental del desarrollo evolutivo y actúa en la propia creación valiéndose de causas secundarias, siempre derivadas de la ley de Dios, lo que equivale a decir que la causalidad divina opera desde el interior de una causalidad inmanente, limitada y finita y la refuerza y eleva para que pueda operar más allá de las propias potencialidades materiales. Es la causalidad divina la que determina la autotrascendencia de la criatura humana, lo que Rahner llama el *emergentismo*. Este conduce tanto a la personalidad del ser humano como a la vida de la gracia. Así Dios y sus creaciones prehumanas todavía animales son la única causa del ser humano, los segundos la causa meramente instrumental. Y el poder de creación de Dios ha generado la potencialidad ínsita del propio Creador en el homínido prehumano, constituyendo de esa manera a los hombres como personas racionales, yendo más allá de la mera mecánica, por otro lado proyectada por Dios, de los eslabones biológicos reproductivos. En resumen, se puede decir que la singularidad, la irrepetibilidad y la espiritualidad de la persona humana única se establecen solo en la acción creativa y potenciadora del Creador. Como conclusión de su investigación, Rahner escribía: «No hay por tanto ningún peligro de que la evolución, entendida exactamente en un sentido verdaderamente metafísico y teológico, nos lleve a pensar sobre el hombre de una manera menos decorosa que antes. El hombre que conocemos hoy (…) que se distingue radicalmente de todos los animales y en el momento de la hominización recorre, aunque tal vez sea lentamente, una vía que lo llevó tan lejos de todo el reino animal y asume al mismo tiempo toda la herencia de su prehistoria biológica en estas dimensiones profundas e íntimas de su existencia concreta, fue ahí cuando dicho hombre empezó a existir. Todo lo que se manifiesta en la objetivación histórica existía ya allí como cometido y potencialidad activa. Estando ahora presentes los elementos biológicos, espirituales y divinos, se debe afirmar sin ambages que lo estuvieron también desde el principio».[39]

Ya que, lógicamente, los escritos sobre la hominización se insertan en la investigación teológica general de Rahner, es oportuno dar alguna indicación para entenderle mejor. Este teólogo, al tener presente, como se ha dicho, a Heidegger, fue el autor de llamado método teológico antropológico-trascendental con el cual había llevado a cabo el llamado «giro antropológico» que ponía al hombre en el centro de la teología católica. Este método había sustituido al escolástico, entonces usado ampliamente en las escuelas teológicas, que partía de lo alto de formulaciones y procedía a extraer doctrinas, mientras que el método de Rahner empezaba desde abajo, es decir, desde la experiencia viva de los hombres y se dirigía al sujeto humano, generando una correspondencia entre teología y vida. El pensamiento de Rahner partía de dos observaciones pragmáticas, la primera que, en la sociedad de la segunda posguerra en la que vivía, la ampliación del conocimiento en todas las ramas del saber obstaculizaba la síntesis y la otra que la sociedad era entonces pluralista y

---

[39]Karl Rahner, *Il problema dell'ominizzazione*, trad. de Alfredo Marranzini, Brescia, 1969. [Publicado en España como *El problema de la hominización: Sobre el origen biológico del hombre* (Madrid: Ediciones Cristiandad, 1973)].

masivamente secularizada, de forma que las enunciaciones de la fe ya no parecían tan evidentes y fundamentales, sino que se ponían en el mismo plano que los demás enunciados y se discutían, a veces con arrogancia, o incluso se rechazaban de plano. Para Rahner, la teología dogmática era un camino que debía concernir solo al que ya creía y quería profundizar en su creencia y que por el contrario no resultaba útil para la evangelización de los no creyentes. Según él, los conceptos entonces clásicos de la teología tenían incrustadas cosas inútiles, eran rígidos y producían crisis de fe, no respondiendo ya a la cultura dinámica y necesitada de investigación de la época contemporánea, que partía desde abajo, de la antropología, y ya no de Dios. Necesitaba por tanto omitir el criterio que venía de arriba, que era propio de la escolástica y en particular de Santo Tomás de Aquino: ya que muchos consideraban entonces como inverosímil la idea de que Cristo fuera Dios hecho hombre, probablemente se fracasaría si, para evangelizar, se partía de la idea de Dios para bajar luego a Jesús hombre, en lugar de partir históricamente de su figura para ascender al Dios cristiano uno y trino.

Como he escrito en otro lugar[40] a partir de otra bibliografía e independientemente de los textos de Rahner, tenía que partir de los testimonios de los cristianos del siglo I

---

[40]Cf. *Gesù, nato nel 6 a.C., crocifisso nel 30, un approccio storico al Cristianesimo* (Civitavecchia, 2003 y 2008, actualmente fuera de catálogo, pero disponible gratuitamente en Internet).

sobre Jesús de Nazaret muerto y, según sus apóstoles y discípulos, resucitado, y descubrir los motivos por los que esas personas, que al morir estaban completamente defraudados y solo deseaban huir, habían cambiado repentinamente de actitud. Y todavía antes necesitaba entender por qué razones las fuentes neotestamentarias no tienen solo carácter teológico, sino también aspectos históricos, al igual que otros documentos históricos, ninguno de los cuales escapa al hecho de ser apologéticos, una característica propia de la historiografía de la antigüedad, cuyas otras copias que nos han llegado son además menos antiguas de las neotestamentarias.

Era además idea de Rahner que la teología estaría «en el aire» si no se basara en una filosofía dirigida a demostrar racionalmente que los hombres tienen todos una apertura sustancial a Dios: una «buena filosofía» para él es conciliable con los dogmas católicos y preparatoria para la fe cristiana, que abre la mente del hombre a la aceptación de la Revelación. Para este filósofo y teólogo, la filosofía en sí, prescindiendo así de enlaces teológicos, se podría considerar cristiana cuando supiera demostrar que el hombre está abierto estructuralmente a la Palabra, es decir, como decía él mismo, cuando sea «intrínsecamente bautizable». De ese modo, la filosofía desembocaba naturalmente en la teología y esta entraba en la vía del ecumenismo, objetivo esencial este último también de Concilio Vaticano II. Rahner entendía que siguiendo el método antropológico, al que también llamaba antropocéntrico, se ajustarían perfectamente al antropocentrismo el teocentrismo y, con él, el cristocentrismo. Afirmaba que el hombre es tan esencial en el universo como Dios, pero que esto no reduce en realidad la superioridad absoluta e indiscutible de Dios en el sentido de que el Hijo, segunda Persona de la Trinidad, es perfectamente hombre, el hombre encarnado y aparecido en la historia humana como Jesús de Nazaret. Rahner también rechazaba del viejo método teológico la idea de que el hombre fuera uno de los muchos aspectos de la teología y lo consideraba esencial, señalando que discutir sobre Dios en el Cristianismo significaba necesariamente hablar esencialmente de antropología, porque Cristo, por la Revelación, es el hombre perfecto a imitar, según los testimonios histórico-eclesiásticos, por lo que era indiscutible que la esencialidad de Cristo era esencialidad tanto de Dios como del ser humano.

En resumen se puede entender bien con cuánto amor por Dios y respeto por el ser humano habló Rahner de la evolución y la hominización, teniendo a Cristo-Dios y el hombre en el centro de su método antropológico-trascendental.

Pierre Teilhard de Chardin

El sacerdote jesuita Pierre Teilhard de Chardin (1881-1955) fue un célebre geólogo y paleoantropólogo que participó en el descubrimiento en China del sinántropo y en las excavaciones de australopitecos en África meridional, datando él mismo en todos los casos la antigüedad de los restos gracias a sus profundos conocimientos geológicos. Aceptaba, como todos los colegas con los que había trabajado, la teoría evolucionista, pero considerando al Nuevo Testamento, sobre todo las epístolas de San Pablo y el Evangelio de San Juan, había llegado a su visión cósmico-teológica evolucionista.

De joven conoció, leyó y quedó influenciado por las obras del filósofo y premio Nobel Henry-Louis Bergson (1859-1941), viéndose sobre todo conmovido por el ensayo *La evolución creadora*.[41]

> Bergson era el exponente más famoso de la corriente filosófica del espiritualismo, adversaria del positivismo, aunque sufrió cierta influencia de las ideas evolucionistas positivistas de Herbert Spencer (1820-1903). Como es sabido, el positivismo, en la exaltación optimista de las

---
[41] Publicado en 1909. Henri Bergson, *La evolución creadora* (Cactus, 2008).

ciencias experimentales y del cálculo exacto, reclamaba y reclama para la ciencia el papel exclusivo de instrumento de conocimiento y, consecuentemente, de guía para los seres humanos, como individuos y como sociedad, pretendiendo ser la base civil, moral y, aunque en un sentido bastante crítico, religiosa. Por otro lado, el citado Spencer había advertido, positivistamente, analogías entre cada individuo de la especie humana y *el organismo* social, señalando que estos ven modificar su estructura en el tiempo siempre de un modo más complejo, aumentando la interdependencia entre sus partes, mientras que tanto la especie como la sociedad sobreviven a la muerte de sus componentes, respectivamente los individuos humanos y las instituciones particulares. Su pensamiento se basaba evidentemente tanto en el darwinismo como en la sociología organicista del fundador del positivismo, Auguste Comte. A partir de ideas similares habría aparecido la eugenesia, hasta las aberrantes prácticas nazis. Bergson también se había alejado de esas ideas concretas de Spencer. Henry-Louis Bergson consideraba que la inteligencia es un instrumento de conocimiento, pero no consideraba que fuera el único medio de conocer, a diferencia de lo que afirmaban los racionalistas materialistas, y pensaba que la intuición precedía a la acción analítica de la razón y era, a su vez, una forma de conocimiento: se trataba de una especie de mezcolanza dualista de intuición e inteligencia, que remitía al dualismo clásico entre espíritu (léase *intuición*) y materia (léase *inteligencia* que busca y valora los datos de la realidad). Bergson, a diferencia de Spencer, consideraba la misma teoría de la evolución desde una óptica espiritualista y no materialista. Rechazaba sin embargo la hipótesis finalista tanto como rechazaba el mecanicismo darwinista que era el eje del positivismo. Para él, el fundamento de la evolución era un *élan vital*, un impulso o espíritu vital que empujaba a la materia a realizaciones cada vez más complejas a lo largo de muchas vías evolutivas: algunas se cerraban, otras, las que se bifurcaban, proseguían y el impulso creador ínsito en el desarrollo evolutivo confluía, mano a mano, en aquellas nuevas rutas sobre las que continuaba transitando la evolución. En cierto modo, el impulso vital era para Bergson el sujeto guía al que llamaba la «evolución creadora». Por ejemplo, volvamos por un momento a nuestras observaciones sobre los prosimios, de los cuales se divide, según hipótesis contemporáneas, la línea que conduce a los chimpancés, por una parte, y la que lleva al hombre, por la otra: observándolo en la línea de Bergson, podríamos decir que la evolución de los prosimios se cerró en un determinado momento (sabemos por otro lado que ciertas formas de prosimios existen todavía hoy) porque le abandonó el espíritu vital y que de los mismos prosimios aparecieron nuevas líneas de evolución y que fue el mismo impulso vital, ya pasado, el que llevó por un lado al chimpancé y por el otro al ser humano. El impulso vital de Bergson insertado en la materia recuerda un poco a la teoría de Lamarck de la que ya hemos hablado, rechazada en el siglo XX en el ámbito científico, por la cual en los seres vivientes hay insertado un impulso íntimo hacia la mutación que los hace siempre más complejos en las generaciones sucesivas.

A pesar de estar muy interesado en sus primeros tiempos por las ideas evolucionistas de Bergson, Pierre Teilhard de Chardin se alejó de ellas al rechazar el dualismo de aquel y permaneciendo firme en su monismo cristiano. Constató que nada demostraba que el espíritu vital bergsoniano se correspondiera con una idea creadora inteligente insertada en la propia materia, idea que, por otra parte, según Henry-Louis Bergson, no dirigía la evolución biológica hacia un fin: para Teilhard de Chardin, ese impulso vital no podía depender, salvo prueba en contrario, que no se había encontrado, de la mera potencialidad de la materia.

El padre Pierre puso en evidencia en sus obras, siguiendo al Cristianismo, el finalismo del universo en el que la materia se creó dirigida a los seres vivos, los seres vivos al *Homo sapiens sapiens*-Adán, este hacia el hombre Jesús, en quien Jesucristo hombre y Dios se encarnó para la salvación eterna del género humano. Incluso poco después de morir Teilhard de Chardin subrayó este concepto en la obra *Le Phénomène Humain*.[42] No se inspiraba ni en el darwinismo ni en el neodarwinismo con su teoría sintética, aceptados por

---
[42]La primera edición de *Le phénomène humain* es del año siguiente en Les Éditions du Seuil, París, 1956.

colegas paleontólogos de este religioso, de los cuales, como cristiano, el padre Pierre rechazaba su materialismo, sino en las ideas de Lamarck, el cual, como sabemos, había conjeturado, también sin seguir una óptica religiosa al ser un materialista iluminista, que en los seres vivientes había un impulso interior hacia la mutación tendente a la perfección, como posteriormente supondría igualmente Bergson con su impulso vital. El lamarckismo se alejaba menos del neodarwinismo de la idea teilhardiana de evolución finalista hacia el objetivo preciso del Cristo Pantocrátor, el Señor del universo. Teilhard de Chardin era un firme defensor de lo que llamaba *ortogénesis*, que exponía una especie de flecha evolutiva lanzada por Dios. Se trataba de un finalismo que se desarrollaba a través de la influencia de causas secundarias físicas y biológicas que la ciencia paleontológica podía hallar y analizar, predeterminadas sin embargo sobre el plano del Ser de la causa primaria de la voluntad divina.

Igual que Karl Rahner, Pierre Teilhard de Chardin había empezado con la aspiración de quitar de en medio obstáculos para la fe debidos a la situación sociocultural de su tiempo, entonces dirigida hacia la secularización, sobre todo debido a ciertos descubrimientos científicos. En particular le impulsó la inquietud aparecida entre los creyentes más cultos tras el descubrimiento en el siglo XIX del segundo principio de la termodinámica, relacionado con la flecha del tiempo, por el cual cualquier sistema macroscópico (no microscópico) pasa siempre de un estado ordenado a uno desordenado, por lo que las transformaciones de todo sistema físico macroscópico, y por tanto el cosmos entero, se mueven en una sola dirección, hacia el máximo desorden (la entropía). Escribía que el problema a resolver era el de «conciliar en la práctica lo natural y lo sobrenatural en una orientación única y armoniosa de la actividad humana».[43] Y era la entropía la que aparecía en primer lugar para los menos preparados religiosamente, frente a la visión del Génesis de un Dios complacido por la bondad de su universo.

> En la alegoría del Génesis, Dios se complace con lo que creado *antes* de que Adán peque, no después, un pecado que no solo lleva a la vida del hombre el sufrimiento y la muerte, sino que causa un desorden general en el mundo.

En segundo lugar, la entropía parecía contraria a la idea cristiana de un cosmos creado por medio de la segunda Persona trinitaria, ese Hijo que es la negación del desorden, porque es el Logos, es la Razón absoluta. Sin embargo Cristo, según la Revelación cristiana, con su venida a la tierra se dirige al orden, pero a un orden cósmico que no es

---

[43]Cf. N. M. Wildiers, *Teilhard de Chardin* (Barcelona: Fontanella, 1968).

instantáneo y se alcanzará al final de los tiempos, dejando Dios a los seres humanos individuales la libertad, la cual conlleva también el pecado de todo *adán*. Ver en este sentido la neotestamentaria epístola de San Pablo a los Romanos:

> «Pues la creación aguarda con ardiente anhelo la manifestación de los hijos de Dios. Porque la creación ha sido sujetada a la vanidad, no por su propia voluntad sino por causa de aquel que la sujetó, en esperanza de que aun la creación misma será librada de la esclavitud de la corrupción para entrar a la libertad gloriosa de los hijos de Dios. Porque sabemos que toda la creación gime a una, y a una sufre dolores de parto hasta ahora.» (Romanos 8:19-22).

El padre Pierre trataba por tanto de superar la turbación de los creyentes cultos pero mal preparados en teología, lo que en muchos había provocado la caída de estos en el pesimismo y el descreimiento, presentándoles teológicamente una evolución que por voluntad divina había conducido al *Homo sapiens sapiens* y a su conciencia humana. Y a pesar de la entropía, dado que también las mentes humanas constituyen, en cierto modo, la mente del universo, se trataba a fin de cuentas de un progreso para el cosmos el que, de Adán en adelante, pudiéramos razonar sobre nosotros mismos. Para Teilhard, la evolución del hombre todavía continuaba, pero ya solo en el mundo del espíritu humano al llamaba la *noosfera*.[44] Para este teólogo ese proceso era irreversible y seguía siendo obra del Espíritu, en esa evolución cósmica que incluía la biológica y elevaba la biosfera a una unidad orgánica cada vez más compleja, pasando por el hombre y apuntando además a la noosfera, para llegar a la plena espiritualización, a la *Cristosfera*, mientras que, por el contrario, la materia, a causa de la entropía, se dirigía a estados de disgregación. Según el padre Pierre, para el cristiano se trataba de constatar las relaciones entre la Persona del Hombre-Dios y el universo creado por el Padre por medio del propio Hijo y con la intervención de Espíritu Santo (las dos *manos divinas* de las que habían hablado metafóricamente los antiguos escritores de la Iglesia), estableciendo, desde la óptica evolutiva, la posición y la funciones esencialísimas de Cristo en la historia del universo, en la que la Tierra era solo un pequeño planeta con una biosfera en la que se produjo, según este teólogo seguramente por voluntad divina, el maravilloso proceso de la hominización. Se trataba por tanto de una vuelta al antiguo

---

[44]En el entorno profano, la palabra noosfera indica la esfera del pensamiento humano que constituye la tercera fase de la evolución de nuestro planeta, posterior a la de la materia inanimada, la geosfera, y a la siguiente de la materia viviente, la biosfera. El término noosfera se crea de la unión de la palabra griega νους (traducida normalmente al español como noos, pero que debería pronunciarse preferiblemente como nus), que significa esencialmente mente, y esfera, por analogía con las palabras biosfera y atmósfera.

problema de la relación entre Dios y el mundo, ya afrontado por los padres de la Iglesia. Pierre Teilhard de Chardin conocía bien la historia del Cristianismo y también sabía bien que, como refiere su experto Norbertus M. Wildiers:[45] «En esta religión hay una Persona, la persona de Cristo, que ocupa un puesto esencial. Cristo no es solo el fundador y el heraldo de un mensaje: es al mismo tiempo el contenido de ese mensaje. Se es cristiano no porque se sigue cierta doctrina o se practica cierta moral, sino sobre todo uniéndose, "incorporándose" a Él. Por otro lado, esa persona ha anunciado su retorno al final de los tiempos, como coronación y cumplimiento de la historia. Debido a ese anuncio el Cristianismo orienta a los fieles, no hacia el pasado, sino hacia el porvenir, y les enseña a vivir con la mirada puesta en el Cristo glorioso de la Parusía. El retorno glorioso de Cristo debe prepararse con la lenta construcción de su Cuerpo místico [Se habla aquí de la renovación y la purificación continua de la Iglesia, como en la tradición según el principio "Ecclesia semper renovanda et purificanda" (N. del a.)] porque el Cristo total consiste precisamente en la unión en Él de la humanidad redimida: *"Totus Christus, caput et membra"* (San Agustín). El mundo constituye el "pléroma" de Cristo, en el que no todo lo que se encuentra en el cielo y sobre la tierra se verá reagrupado y puesto de nuevo bajo un Señor

---
[45]N. M. Wildiers, op. cit.

único, Cristo, y así unificado para siempre. La ley suprema de la moral cristiana se resume en el amor por el prójimo. El cristiano no puede contentarse con no perjudicar al prójimo (amor pasivo), debe por el contrario esforzarse por hacer el bien y aumentar la felicidad y el bienestar de toda la humanidad (amor activo). Estos elementos son peculiares del cristianismo y lo distinguen de otras religiones». Para el padre Pierre, el cristianismo está en perfecta armonía con el mundo entero, según sus palabras, constituye una «armonía de orden superior», es el coronamiento de tipo espiritual de la evolución cósmico-biológica.[46] Desarrollando una filosofía de la naturaleza de impronta aristotélica, Chardin llegó a formular una *ley de la complejidad creciente* propia, mediante una contemplación evolutiva de lo creado con un toque místico. Veía la naturaleza de todos los seres vivientes como la de organismos preparados por Dios, siguiendo sus innumerables fines, para la autonomía y la duración hacia el Ser, estando relacionadas todas las especies vivientes en un solo *árbol filogenético*.[47] El padre Pierre tenía de hecho bien presente el capítulo 8 de la epístola de San Pablo a los Romanos,[48] donde se leía: «Pues la creación aguarda con ardiente anhelo (...) en esperanza de que aun la creación

---

[46] De la misma manera, para los antiguos apologetas y para los padres de la Iglesia el mismo cristianismo era la culminación de la filosófica griega.
[47] Considerando el origen de todos los organismos desde las primeras células vivientes.
[48] Romanos, 8:19-22.

misma será librada de la esclavitud de la corrupción para entrar a la libertad gloriosa de los hijos de Dios». Mientras que para Charles Darwin hablar de progreso y de una especie superior no tenía sentido, para Pierre Teilhard de Chardin, sí. Para él, todo estaba dirigido directamente por Cristo, el *Cristo evolucionador*, pasando por la hominización y dirigiéndose al punto Omega, en una neumatización de todo el cosmos, con la noosfera siempre más espiritual dirigiéndose al punto perfecto de llegada de la Cristosfera, de la parusía, es decir, del segundo retorno de Cristo triunfante en el fin del mundo. Este científico y teólogo tenía muy presente que para la Iglesia Cristo es el *Rey del universo* y tenía claro al San Pablo de la Epístola de los Colosenses que afirmaba la dimensión universal de la Redención, ese San Pablo que había escrito de Cristo: «Él es la imagen del Dios invisible; el primogénito de toda la creación porque en él fueron creadas todas las cosas que están en los cielos y en la tierra, visibles e invisibles, sean tronos, dominios, principados o autoridades. Todo fue creado por medio de él y para él. Él antecede a todas las cosas, y en él todas las cosas subsisten. Y, además, él es la cabeza del cuerpo que es la iglesia. Él es el principio, el primogénito de entre los muertos para que en todo él sea preeminente; por cuanto agradó al Padre que en él habitara toda plenitud y, por medio de él, reconciliar consigo mismo todas las cosas, tanto sobre la tierra como en los cielos, habiendo hecho la paz mediante la sangre de su cruz».[49] Además, Teilhard se refería a los versículos 28-30 del ya citado capítulo 8 de la Epístola a los romanos: «Y sabemos que Dios hace que todas las cosas ayuden para bien a los que lo aman; esto es, a los que son llamados conforme a su propósito. Sabemos que a los que antes conoció,[50] también los predestinó para que fuesen hechos conformes a la imagen de su Hijo a fin de que él sea el primogénito entre muchos hermanos. Y a los que predestinó,[51] a estos también llamó; y a los que llamó, a estos también justificó; y a los que justificó, a estos también glorificó». Teilhard tenía además en cuenta el Evangelio de San Juan, donde aparece, entre otras cosas, la promesa de Cristo: «Y yo, cuando sea levantado de la tierra, atraeré a todos a mí mismo»[52] y también el prólogo del cuarto Evangelio, en particular donde se lee «Y la Palabra se hizo carne (sarx)»,[53] es decir, se encarnó en el hombre Jesús, en ese *Homo sapiens sapiens* nazareno concreto , en ese niño que, según la fe cristiana, una vez crecido habría enseñado con el ejemplo y la palabra el amor a todos, también a los

---

[49]Colosenses, 1:15-20.
[50]Es decir, a todos, en su presciencia omnisciente.
[51]En el sentido de querer la salvación eterna de todos los seres humanos, no de escoger a algunos y no a otros como se interpreta por el contrario en algunas áreas cristianas no católicas y predestinacionistas.
[52]Juan, 12:32.
[53]Juan, 1:14.

enemigos[54] y moriría en una cruz a causa, en primer lugar, de las duras críticas que había dirigido a los poderosos de Israel. Pero según el posterior testimonio de sus apóstoles y discípulos directos, muchos de los cuales perderían su vida por propagarlo, resucitaría de la muerte abriendo a los hombres el camino de la eternidad, a pesar de su bestialidad natural, esto es, a pesar de ese cuerpo humano animal-psiquico del que habla San Pablo en la Primera Epístola a los Corintos. Teilhard escribía: «Cristo *hic et nunc* tiene para nosotros el puesto y la función del punto Omega. (…) La esencia del Cristianismo no es ni más ni menos que la creencia en la unificación del mundo en Dios por medio de la Encarnación».[55] En otras palabras, en su teología el Reino de Dios se realiza en realidad en la evolución cósmica y biológica que llega hasta el nacimiento de Jesucristo y se cumple en la Cristosfera, es decir, en el retorno de Cristo al final de los tiempos en esa parusía que el padre Pierre llama también el punto Omega de la evolución. Sin embargo, para él, Cristo confluye en el universo no solo en sentido moral y jurídico, sino estructural y orgánicamente, como se puede deducir de la Epístola a los Colosenses, que dice que, desde la Creación, el mundo se orienta hacia Cristo, que «todo ha sido

---

[54] El amor al prójimo era ya una obligación religiosa para los creyentes judíos, pero antes de Jesús en el concepto de prójimo no entraban los enemigos, como por ejemplo los samaritanos y los ocupantes romanos.
[55] Citado por N. M. Wildiers, op. cit.

creado para él»:[56] sería esto en realidad sustancialmente lo que haría que, como veremos enseguida, se condenara en 1962 su teología, juzgada por el Santo Oficio, ¿tal vez un poco directamente?, como panteísta. Para este teólogo el mundo alcanza una unidad congruente en Cristo y el punto Omega es lo que da a toda la evolución su unidad final, en la que converge toda la historia universal y en la que la multiplicidad se concentra en la unidad: como dice el Evangelio, Cristo es la «piedra angular»[57] del plan de Dios para el mundo. Y como escribe San Pablo también en la Epístola a los Colosenses,[58] «todas las cosas en él subsisten», todo está unificado en Él y solo Cristo es el verdadero sentido de la historia del mundo: el mundo es inferior al hombre y está orientado al hombre, el hombre a Cristo y Cristo a Dios. En lenguaje teilhardiano: «La cosmogénesis desemboca, por medio de la biogénesis en la noogénesis: la noogénesis encuentra sin embargo su cumplimiento en la Cristogénesis».[59]

Como ha escrito el exégeta y divulgador teilhardiano Norbertus M. Wildiers, para el padre Pierre «el mundo pasa

---

[56]Colosenses 1:16.
[57]«La piedra que desecharon los constructores es ahora la piedra angular. He aquí la obra del Señor: Una maravilla para nuestros ojos» (Salmos 117 (118):22-23); y se ve en el Nuevo testamento, con referencisa precisas a Cristo de la piedra desechada, Primera Epístola de San Pedro 2:1-8 y el Evangelio de San Mateo, 21:42.
[58]Colosenses 1:17.
[59]N. M. Wildiers, op. cit.

de situaciones imperfectas a otras más perfectas. (…) Sin embargo (…) una vez que la evolución llega a la fase del hombre, dotado de conciencia reflexiva y de libertad, aparece en el mundo también el mal moral. Por eso el hombre es también un ser imperfecto e incompleto. Hasta que no haya alcanzado su último destino, el pecado subsistirá. Cuanto más se eleven su conciencia y su libertad, más aumentará su conciencia tanto en el bien como en el mal. (…) Teilhard reconoce la existencia del mal, pero además el mal, en su concepción, adquiere una dimensión cósmica porque constituye un fenómeno inevitablemente coextensivo a toda la evolución, en un mundo que debe encontrar su perfección a través de una lucha lenta y difícil. Su optimismo no es el resultado de una infravaloración del mal en el mundo, sino que deriva de la convicción de que finalmente el mal será vencido por el bien».

Chardin era fiel a los dogmas de la Iglesia, incluida la verdad revelada sobre el pecado original que aceptaba según la Epístola de San Pablo a los Romanos (3:9-16), que el Concilio Ecuménico de Trento había indicado, siglos antes, esa fuente precisa de ese dogma:

> San Pablo escribía: «Pero sabemos que todo lo que dice la ley, lo dice a los que están bajo la ley para que toda boca se cierre y todo el mundo esté bajo juicio ante Dios.

Porque por las obras de la ley nadie será justificado delante de él; pues por medio de la ley viene el reconocimiento del pecado. Pero ahora, aparte de la ley, se ha manifestado la justicia de Dios atestiguada por la Ley y los Profetas. Esta es la justicia de Dios por medio de la fe en Jesucristo para todos los que creen. Pues no hay distinción porque todos pecaron y no alcanzan la gloria de Dios, siendo justificados gratuitamente por su gracia mediante la redención que es en Cristo Jesús. Como demostración de su justicia, Dios lo ha puesto a él como expiación por la fe en su sangre, a causa del perdón de los pecados pasados, en la paciencia de Dios, con el propósito de manifestar su justicia en el tiempo presente para que él sea justo y, a la vez, justificador del que tiene fe en Jesús»: Pablo tenía presente la explicación del Génesis del pecado de Adán (recuerdo que significa el hombre y que la figura adamítica es el símbolo de los seres humanos de todas las generaciones), pero evidencia el aspecto de la solidaridad en el mal de todo el género humano, de hecho el mal que cualquier persona encuentra en sus propios pecados individuales derivados de la libertad concedida por Dios, como evidencia el Génesis a propósito del primer pecado, el pecado original de Adán.

El padre Teilhard aceptaba también el dogma sobre el infierno, al que consideraba una realidad que confería al cosmos una gravedad particular, relacionada con la libertad humana susceptible a la tentación del mal, en la posibilidad del drama definitivo e irremediable del pecador impenitente por su libre elección del odio hacia Dios. El padre Pierre no era por tanto un teólogo místico lleno de optimismo naturalista a toda costa, como alguno ha creído verlo, sino un hombre y un cristiano consciente del tormento existencial del pecado y el dolor.

Como Pierre Teilhard de Chardin individualiza en la evolución un proyecto inteligente y ordenado de origen divino, que induce la energía (otro aspecto de la materia) de la que está hecho el universo, a organizarse de una forma cada vez más alta y compleja sobre la Tierra, hasta el hombre y hasta Cristo, se trata para él de *santa evolución* y de *santa materia*, de *potencia espiritual de la materia*, teniendo él presente también al Pablo de la Epístola a los Romanos, que escribía: «Yo sé, y estoy persuadido en el Señor Jesús, que nada hay inmundo en sí; pero para aquel que estima que algo es inmundo, para él sí lo es».[60] Teilhard veía además en la materia el surgimiento armonioso de las almas (almas en sentido paulino, es decir, en sentido psíquico), teniendo muy en cuenta la Primera Epístola a los Corintios, en la que habla de *cuerpo material* (literalmente: *animal*) *psíquico*, es decir, un cuerpo humano que expresa su psique, su propia mente individual. Tal vez se podría decir: en un inseparable sínolo humano, como en el aristotélico, pero no mortal como en

---
[60]Romanos, 14:14.

Aristóteles, sino abierto a la eternidad o, en otras palabras, un cuerpo dotado de alma no espiritual, sino psíquica y sin embargo ¡atención! gracias a Cristo, toda esa persona pasa a transformarse tras la muerte convirtiéndose en *espiritual*, como prometía Dios en el Nuevo Testamento y en particular en la Primera Epístola a los Corintios. Para Teilhard no existían la materia y el espíritu humanos, sino que solo existía una materia que al final de mundo se convertía toda en espíritu emergente de la propia Materia, que escribía con mayúsculas porque se ponía en acción por el Espíritu de Dios y estaba predestinada por él a ser espíritu, en una manifestación de voluntad proveniente del Señor divino y humano de todas las cosas, el Cristo Pantocrátor: una operación pancósmica.

> Un inciso: Haciendo las distinciones oportunas, podríamos ver en este proceso y en su punto de llegada un poco de la apocatástasis del antiguo escritor eclesiástico Orígenes (nacido entre 183 y 187 y muerto hacia el 253): Orígenes se basaba en la Primera Epístola a los Corintios, 15:18, que afirma «Mas luego que todas las cosas le fueren sujetas, entonces también el mismo Hijo se sujetará al que le sujetó á él todas las cosas, para que Dios sea todas las cosas en todos»: para él, al final de los tiempos se produciría la redención universal, es decir, todas las criaturas serán reintegradas por completo en lo divino,

también el diablo y los condenados, entendidos platónicamente como almas espirituales vivientes, para quienes las penas infernales habrían sido solo una larguísima purificación de las almas, no del cuerpo. Según este escritor eclesiástico (no padre de la Iglesia, como a veces se lee), el plan de la Salvación no podría estar completo si faltara entre los salvados un solo ser viviente racional. La doctrina de la apocatástasis fue aceptada por otros antiguos teólogos orientales, pero fue condenada como herética por la Iglesia mucho tiempo después de la muerte de su autor, durante el V Concilio de Constantinopla de 553. De hecho, el infierno era y es un dogma. La condena por otro lado afectaba solo a la doctrina de ese teólogo y no a su noble figura de creyente, por otro lado muerto tras ser torturado después de testimoniar su propia fe en Cristo. Sin embargo me parece más interesante considerar, no cómo entendían Orígenes y otros cristianos platónicos el infierno, sino cómo se presenta en el Nuevo Testamento, cuyos 27 libros se escribieron en el siglo I, en torno a los años 50 y 100 (están citados en diversos documentos del siglo II) y entender así como lo veía la primera Iglesia. Ante todo señalar que sería mejor hablar de ultratumba (o hades), es decir, de un infierno subterráneo, no disonante, palabra que recuerda imágenes alegóricas al estilo de Dante. En los evangelios, Jesús habla de Gehena, mientras que el mismo concepto es calificado con la expresión charca de fuego en el Apocalipsis. La gehena era un lugar cercano a Jerusalén donde se quemaban las basuras: ya que hace dos mil años no se conocía el principio de que «nada se crea ni se destruye», se pensaba que todo lo que se quemaba ya no existía. Por tanto el infierno era la aniquilación del pecador, era su no existir como persona, el ser sepultado, como era habitual en las costumbres judías para los cadáveres, y quedar muerto por toda la eternidad en la ultratumba de la tierra. En otras palabras, en la Iglesia original se creía que el ser humano, es decir, el *cuerpo animal-psíquico* del que en la Primera Epístola a los Corintios, si no se había arrepentido de sus pecados, el impenitente queda muerto para toda la eternidad en su tumba: infierno-ultratumba no vivido, muerte eterna sin asunción a Dios. Solo cerca de un siglo y medio después del inicio del Cristianismo, con la platonización de este, el alma humana se verá entendida como espiritual-inmortal desde el instante de la concepción de la persona y se perderá de hecho el concepto de transformación del salvado en espiritual solo en el momento de la muerte, como indica en su lugar la muchas veces citada Primera Epístola a los Corintios del Nuevo Testamento. Y desde el final del siglo II la *psyché* paulina se verá sustancialmente como *pneyma*, es decir, como espiritual desde el inicio de la existencia de una persona. Para profundizar, se pueden ver mis ensayos divulgativos *La vita eterna, saggio sull'immortalità tra Dio e uomo* y *È Uomo*. En esta segunda obra cito entre otras cosas un escrito de la segunda mitad del siglo II del apologeta cristiano Taciano, en el que está muy claro el concepto de muerte eterna del pecador no arrepentido. (Taciano se convertirá posteriormente en un herético gnóstico, pasando así al espiritualismo más extremo, pero esta es otra historia).

Lo que el padre Pierre llamaba la *Etoffe de l'univers*, la Tela del Universo, era la Materia-Espíritu. La materia era realmente esencial para él. En 1950, Pierre Teilhard de Chardin había escrito ya una especie de autobiografía científico-espiritual basada en su *Le coeur de la matière*,[61] trabajo que se publicaría en 1976 en el ámbito de la edición de sus *Oeuvres* completas a cargo del referido teólogo Wildier. El autor confesaba en esa obra cómo la ciencia y la teología confluyeron en él en una síntesis espontánea, como materia y espíritu, y concluía con una Oración a Cristo.

Teilhard había expresado, poco a poco, sus propias ideas teológicas en muchas obras, todas mantenidas prudentemente inéditas y publicadas tras su muerte por sus seguidores, con gran éxito incluso entre el público profano: no solo llegaron críticas previsibles desde el entorno científico neodarwinista, sino que al inicio de los años 60 también sospechas en el entorno eclesiástico sobre la ortodoxia de sus ensayos teológicos. Al principio hubo una airada reacción de la prestigiosa *La Civiltà Cattolica*, revista dirigía desde su fundación en 1850 por religiosos jesuitas, igual que el padre Pierre era jesuita. En 1962, las obras

---

[61] Edición española: *El corazón de la materia* (Bilbao: Sal Terrae, 2002).

teológicas teilhardianas fueron finalmente sancionadas por una amonestación del Santo Oficio[62] que, aunque dejaba a salvo la persona del autor, acusaba a sus ensayos teológicos de «contener ambigüedades y errores que ofenden a la doctrina católica», no por el hecho de que contuvieran sin

---

[62] Amonestación del Santo Oficio reportada en *L'Osservatore Romano* del 30 de junio de 1962 y fácil de encontrar hoy en Internet. Esencialmente, esa amonestación afirma que hay que disentir de Teilhard en todos los casos en los que las opiniones del autor en el campo científico se extienden a los de la filosofía y la teología. Dice que sus escritos teológicos respiran en realidad la atmósfera de las ciencias naturales y no de la teología y que se trata de un defecto metodológico grave y esencial, porque Teilhard hace demasiado a menudo una indebida trasposición sobre el plano metafísico y teológico de los términos y conceptos de la teoría evolucionista. La amonestación asevera que no se deja claro el aspecto de causalidad eficiente (que da el ser) partiendo del concepto de Creación que vuelve a menudo en la expresión «*Union créatrice*» (Unión creadora: las palabras y frases que mantengo en francés son las no traducidas en la amonestación; N. del a.) y precisa que es verdad que la creación no se opone a la unificación, pero no es formalmente unificación. La amonestación señala a continuación que otro concepto propio de Teilhard es la «*Néant*» (la Nada), presentado de un modo que deja perplejos a los miembros del Santo Oficio porque parece que el teólogo piensa en una cierta necesidad de la creación, en contra de los concilios de Letrán IV y Vaticano I, que hablan de la absoluta libertad de la acción creativa. Por otro lado, en su concepción de las relaciones entre el Cosmos y Dios, Teilhard de Chardin tiene, según el Santo Oficio, puntos débiles que no se pueden soslayar, la impresión es que el autor quería expresar, no un punto de vista limitado de nuestro conocimiento, sino una realidad que concierne a Dios y por tanto afirmar que Dios, en cierto sentido, cambia, se perfecciona, incorporando para sí el mundo. Además, el autor, según la amonestación, da al término «*complexité*» (complejidad) y a la expresión «*Unité complexe*» (unidad compleja) significados que parecen ambiguos y podrían causar equívocos peligrosos, diversos debido a la acepción común. Para él, el punto Omega de la Evolución es al mismo tiempo Cristo resucitado: «*Le Christ de la Révélation n'est pas autre que l'Oméga de la Evolution (...) le Christ sauve. Mais ne faut-il pas ajouter immédiatement qu'il est aussi sauvé par l'Evolution?*» («El Cristo de la Revelación no es otro que la Omega de la Evolución (...) Cristo salva. ¿pero no hace falta añadir inmediatamente que se salva por la Evolución?»). Los autores de la amonestación cierran con un signo de admiración su consideración de que Teilhard «*en sens vrai*» («en un sentido verdadero»), a propósito de una supuesta «*troisième nature*» («tercera naturaleza») de Cristo, no humana ni divina, sino ¡*cósmica*! Declaran sin

duda la idea evolucionista, ya admitida por la Iglesia como hipótesis, sino por el panteísmo que parecía que contenían.

Como hemos visto, esas acusaciones no fueron recogidas por el entonces teólogo profesor Ratzinger, que habría expresado prudencia a propósito de cierto léxico

---

embargo no querer tomar al pie de la letra la expresión «*en sens vrai*», ya que sería una verdadera herejía. En todo caso, son palabras que, según ellos, aumentan la confusión, haciendo sencillo de esa manera fácil y hasta lógico relacionar necesariamente tras ellas Creación, Encarnación y Redención: en cierto modo Teilhard pone en el mismo plano de la Evolución esos tres misterios. Para el Santo Oficio en él no queda clara la distinción y diferencia entre orden natural y orden sobrenatural y es imposible ver cómo se puede salvar lógicamente de este modo la gratuidad total de este último orden y por tanto de la gracia. Además, según la amonestación, Teilhard tampoco reconoce claramente los profundos límites existentes entre materia y espíritu, límites que impiden, es verdad, las relaciones entre los dos órdenes (sustancialmente unidos en el hombre), pero que señalan sus diferencias esenciales. Teilhard escribe: «Il n'y a pas, concrètement, de la Matière e de l'Esprit, mais il esiste seulement de la Matière devenant Esprit. Il n'y a au Monde, ni Esprit, ni Matière: l'E*toffe de l'Univers* est l'ESPRIT-MATIERE. Aucune autre substance que celle-ci ne saurait donner la molécule humaine» («No existen concretamente Materia y Espíritu, sino que solo existe Materia que deviene Espíritu. No hay en el Mundo ni Espíritu ni Materia: la *Tela del Universo* es ESPÍRITU-MATERIA. Ninguna otra sustancia distinta de esta sabría dar la molécula humana»). Es verdad, continúa la amonestación, que la distinción esencial entre materia y espíritu no se ha definido explícitamente, pero constituye un punto de doctrina enseñado siempre en la filosofía cristiana, en esa filosofía que Pío XII en la encíclica *Humani Generis* llama «in *Ecclesia receptam et agnitam*», «aceptada y reconocida en la Iglesia». Y la misma doctrina se presupone explícita o implícitamente de la enseñanza ordinaria y universal de la misma Iglesia. Por eso precisamente la misma encíclica reprueba la postura contraria. La figura de Teilhard de Chardin sin embargo se considera completamente a salvo de la amonestación, afirmando que se puede entender que Teilhard, como persona privada, ha tenido una vida espiritual intensa y no se quiere, evidentemente, acusar a la persona, sino el método, el pensamiento: no se le quiere acechar ni aprobar cuando, en su ascesis original, después de Dios pone al Mundo en un puesto y un valor demasiado altos. Su pluma, siempre según la amonestación, presa del entusiasmo, le lleva demasiado más allá de lo debido. La misma amonestación concluye que nuestro siglo tiene una extremada necesidad de testimonios auténticos de Cristo, pero asegura que no se han de inspirar en el *sistema* científico-religioso de Teilhard.

teilhardiano, no teológico y un poco ambiguo. Las propias acusaciones del Santo Oficio habrían sido por otra parte sustancialmente rechazadas, aunque no oficialmente, en una carta escrita con ocasión del centenario del nacimiento de Pierre Teilhard de Chardin, en 1981, por parte del entonces Secretario de Estado vaticano, cardenal Agostino Casaroli, y enviada al obispo Paul Joseph Jean Poupard, luego cardenal (1985), donde se elogiaba el fervor religioso de Teilhard y la riqueza de su pensamiento, deseando un estudio crítico sereno de sus obras teológicas.

La aversión de *La Civiltà Cattolica* y la posterior condena del Santo Oficio se habían visto favorecidas por el hecho de que la teología entonces dominante era la tomista y no la escotista franciscana a la que se refería Teilhard de Chardin, aunque más de hecho, se decía, que después de estudios profundos sobre la teología del franciscano Duns Scoto.

Como he escrito en otro lugar,[63] «para el tomismo, la encarnación del Hijo-Logos no estaba prevista en el Proyecto inicial del universo y si Adán no hubiera pecado no se habría producido la Encarnación: desde la perspectiva de Santo Tomás de Aquino y los suyos, era necesario distinguir claramente el orden de la Creación del

---
[63] *È Uomo.* Op. Cit.

de la Redención y la relación entre Cristo y el universo era solamente accidental. Sin embargo a los tomistas no les resultaba sencillo entender por qué Cristo sería el Rey del propio universo, dado que aparece en su concepción solo como el Redentor de la humanidad pecadora y no tiene una función orgánica en el complejo del orden cósmico. Por el contrario, para la visión escotista franciscana, Cristo es fin y coronación no solo del orden sobrenatural, sino también del natural y el cosmos se orienta hacia él, desde la caída del Hombre, cuyo cumplimiento natural, por lo que el orden mismo de la Creación es inconcebible sin Cristo. En otras palabras, para el Escotismo, la Encarnación no deriva del hecho del pecado de Adán, no es algo a lo que se somete el Logos, sino que preexiste al pecado y a la Creación en el proyecto del mismo Logos, término que significa no solo Palabra y Razón, sino también Proyecto o Plan. Por tanto Cristo se habría encarnado aunque Adán no hubiera pecado. La principal base de argumentación de Duns Scoto es la Epístola a los Efesios, de San Pablo, Capítulo 1:3-10 y sobre todo este el último versículo: «Bendito sea el Dios y Padre de nuestro Señor Jesucristo, quien nos ha bendecido en Cristo con toda bendición espiritual en los lugares celestiales. Asimismo, nos escogió en él desde antes de la fundación del mundo para que fuéramos santos y sin mancha delante de él. En amor nos predestinó por medio de Jesucristo para adopción como hijos suyos, según el beneplácito de su voluntad, para la alabanza de la gloria de su gracia que nos dio gratuitamente en el Amado. En él tenemos redención por medio de su sangre, el perdón de nuestras transgresiones, según las riquezas de su gracia que hizo sobreabundar para con nosotros en toda sabiduría y entendimiento. Él nos ha dado a conocer el misterio de su voluntad, según el beneplácito que se propuso en Cristo, a manera de plan para el cumplimiento de los tiempos: que en Cristo sean reunidas bajo una cabeza todas las cosas, tanto las que están en los cielos como las que están en la tierra».

Sin embargo las mayores dudas del Santo Oficio se debían a la excéntrica terminología usada por el autor, con expresiones como «Súper Cristo», «Cristo universal», «Cristo Evolucionador», extrañas al lenguaje teológico de su tiempo, que entonces era el de la escolástica medieval. Ciertas afirmaciones suyas parecían, ateniendo a la mera forma, como fuertemente panteístas, como por ejemplo: «En un modo misterioso, pero real, al contacto con la Palabra sustancial, el Universo, inmensa Hostia, se hace carne mediante tu Encarnación» y esto sí puede significar algo obvio y aceptable, que es que al encarnarse el Hijo-Cristo ha asumido la materia del propio cuerpo del universo, primero a través de la alimentación umbilical intrauterina y luego directa, tras el nacimiento, pero también podría entenderse exageradamente como el Cristo-Universo en evolución, es decir, como un cosmos evolutivo de tipo panteísta. Podrían encontrarse muchos más ejemplos en los escritos teilhardianos, sobre todo en los más místicos, en los que, sin embargo, se puede sospechar que en ellos el lirismo (¿tal vez el éxtasis?) habría dominado las intenciones del autor. He aquí algunos ejemplos: «Como el pagano, adoro a un Dios palpable. Llego además a tocarlo, a este Dios, en toda la superficie y en toda la profundidad del Mundo de la Materia que me envuelve»; «Creo firmemente que, en torno a mí, todo es el Cuerpo y la Sangre del Verbo». A propósito del fin del mundo, es decir, del término Omega usado para indicar el fin de la evolución cósmica y la Parusía: «Para aquél que haya amado apasionadamente, Jesús oculto en las fuerzas que hacen morir la Tierra, la Tierra viniendo a menos cerrará sus brazos gigantescos y con ella, se despertará en el seno de Dios. (…) ¡Todos estamos irrevocablemente inmersos en Ti, entorno universal de consistencia y de vida!». En particular, Teilhard usa en muchas partes de sus obras la expresión «potencia espiritual de la materia» y la palabra «energía», como en estos casos:[64] «Oh energía de mis Señor, fuerza irresistible y viviente»; «Por la virtud de tu dolorosa Encarnación, revélate y luego enséñanos cómo sentir ansiosamente por Ti, la potencia espiritual de la Materia»; «Sin duda, Energía material y Energía espiritual provienen de algo y se prolongan mediante algo. Al final debe haber, de

---

[64] Pierre Teilhard de Chardin, *Himno del universo* (Madrid: Trotta, 1996)].

cualquier manera, una Energía única que anima el Mundo»; «Sí, Señor (…) tu mismo vivificas para mí, con tu omnipresencia, la multitud de de influjos de los que soy objeto en cada momento (…) Por su propia naturaleza, esta pasividad afortunada que es para mí la voluntad de ser, la tendencia a ser esto o aquello y la oportunidad de actuar según mis inclinaciones, son ya cargas de tu influjo, un influjo que pronto me aparecerá más precisamente como la energía organizadora del Cuerpo Místico»; «La Fe cristiana se revela como una "Energía cósmica" extremadamente realista y comprensiva».

Quienes conocieron al autor testimoniaron sin embargo que no fue un panteísta y que, por tanto, en los casos discutidos, se habría expresado con poca claridad, pero creyendo de manera ortodoxa que, si bien era verdad que Dios se encontraba también *en* lo creado, no coincidía en absoluto con el cosmos o con sus leyes. Tal vez también por estos testimonios solo se condenaron los escritos como heréticos y no asimismo la figura del autor, de quien el Santo Oficio incluso elogió su fe personal.

Evangelización y teilhardismo

¿Tal vez el pensamiento de Teilhard de Chardin sobre Cristo evolucionador fuera, más que un sólido sistema teológico, una gran visión ascética y poética? Considerando el lenguaje teilhardiano, en particular ciertas obras ricas en lirismo como el *Himno del universo*, se podría suponer, sin que por otro lado se subestime la virtud de haber presentado de un modo original y nuevo las relaciones entre ciencia y fe, como por otro lado y sobre otros aspectos se puede decir de la teología de Rahner. Sobre todo no hay que olvidar que el sentir teológico del padre Pierre ha atendido sustancialmente a la Revelación y en particular, como se ha visto, al Evangelio de San Juan, las epístolas paulinas a los Colosenses y a los Romanos, a las que podríamos añadir aquella a los Gálatas en la que San Pablo afirma que todos los seres humanos son ya en potencia y están llamados de convertirse en la práctica en el nuevo Adán,[65] es decir, en una nueva humanidad en la que cada uno no es para sí sino para los demás en el cuerpo místico de Cristo, que vendrá de nuevo en la gloria y que es ese mismo Jesús histórico que, por el momento, ha sido el único hombre perfecto, es decir, el único plenamente dirigido hacia el bien de los otros.

En mi humilde opinión, queda sin embargo el hecho de que el lenguaje poético y el ascetismo de Teilhard han puesto en la sombra la cientificidad teológica de fondo de su

---
[65]Gálatas, 3:28.

investigación cristiana. Es Rahner el que me parece más concreto de los dos, con su teología antropológico-trascendental que se concentra en su hominización del espíritu, sin desembocar en visiones evolucionistas finalistas con respecto al hombre y toda la materia universal.

En cuanto a la utilidad del constructo teilhardiano para la evangelización en nuestra sociedad ultracientífica, hipertecnológica y cientista, no consigo entender de qué manera la visión del padre Pierre pueda ser realmente útil para la cristianización de los incrédulos o, al menos, de los inseguros, a pesar de que les convenza esa idea. Sus obras teológicas, tal vez debido a sus llamadas a la «energía» cósmica, también pueden obstaculizar la obra de recristianización de Occidente, dando aliento involuntariamente, aunque hoy menos que en los últimos decenios, a eso que en otro lugar[66] he llamado «la sopa New Age-Next Age» impregnada por la idea de energías universales, más que a llevar a esa evangelización racional que me parece la única fértil ahora mismo.

Por otro lado nos podemos preguntar si la visión teilhardiana resulta útil al menos para los creyentes como perfeccionamiento de su conciencia cristiana. Con toda humildad, también dudo de esto. Pienso más bien que el cristiano individual debe profundizar en el conocimiento

---
[66]*Cristianesimo e Gnosticismo, 2000 anni di sfida,* op. cit.

testamentario con libros divulgativos y conferencias y, fundamentalmente, con la lectura de textos bíblicos bien comentados, comenzando por los libros del Nuevo testamento y pasando, en cada capítulo, a aquellos del Antiguo testamento citados al margen por los editores. En cuanto a mí, a pesar de ser un evolucionista teísta, no me siento particularmente interesado, al contrario que en la teología de Rahner, por la idea del padre Pierre de una evolución crística que, después de haber llevado al *Homo sapiens sapiens*, llevaría a todo el género humano y a todo el cosmos material a la espiritualización. Pienso que el creyente, y yo con toda seguridad, sin necesidad de puntos de vista evolutivo-ascéticos, ve la obra de Cristo completada con su muerte y su resurrección, es decir, con su primer retorno, mientras que el segundo, su Parusía, llegará como juicio para cada uno al morir y, para todos, como Juicio universal. Y, bien mirado, siempre naturalmente desde el punto de vista de la fe, para cada persona ese Juicio final se acompaña del individual, ya que muriendo se sale del mundo-tiempo, de la Historia, se desvincula del devenir y se entra en el no tiempo eterno, sin necesidad por tanto de asistir a una apocatástasis cósmica: algo así como si todos, por el hecho de salir del tiempo con la muerte, se encontraran instantáneamente a la vez fuera del tiempo. Pero también está en la fe cristiana que será la misericordia de Cristo la que juzgará llamando a sí toda persona que, aunque esté llena de defectos, clame por llegar a él.

Por tanto, en mi opinión, cada *Homo sapiens sapiens* creyente debería, en el curso de su vida terrena, buscar su propia *evolución*, es decir, su propia elevación espiritual e incluso este edificio se puede construir de forma útil, siempre según el credo cristiano, no solo haciendo actuar la voluntad personal de bien, condición necesaria pero insuficiente, sino gracias esencialmente a la piedra angular que es Cristo (que, según el cristianismo católico postconciliar sostiene también la aspiración al bien del no creyente honesto), es decir, gracias al único Salvador de todos como dice el Nuevo Testamento y, en ello, como afirma el último libro de la Biblia, el Apocalipsis, que resulta ser una síntesis simbólica.

Sobre el Apocalipsis y el punto Omega teilhardiano

No hay en el Apocalipsis (es decir, la Revelación) una previsión del punto Omega del padre Pierre, no se habla de una apocatástasis evolutiva, la salvación ya se ha dado completamente para quienquiera que la desee. Este texto bíblico repite una y otra vez a los cristianos de forma martilleante, con diversas alegorías, el concepto de la salvación esperada y luego alcanzada gracias a Cristo.

> El Apocalipsis debe comprenderse gracias a exégetas válidos, evitando así caer en equivocaciones sobre presuntos fines desastrosos del mundo que no contiene el texto. Para una interpretación bastante interesante, no solo de las diversas imágenes, sino del mensaje de fondo del último libro de la Biblia, se puede usar con gran provecho *Apocalisse prima e dopo*, de Eugenio Corsini, (Turín: SEI, 1980 y 1993), ensayo reimpreso posteriormente por el mismo editor bajo el nuevo título *Apocalisse di Gesù Cristo secondo Giovanni*, (Turín: SEI, 2002). Para el profesor Corsini, el Apocalipsis habla en esencia, en oleadas alegóricas sucesivas, de la promesa veterotestamentaria de la espera y la venida histórica de Cristo Salvador y Mediador entre Dios y los hombres y de su muerte y resurrección salvadoras. En todo caso, una alusión al juicio final, siempre de forma simbólica y teniendo presente el libro de Daniel del Antiguo Testamento (en particular, 7:13-14), aparece en el Evangelio de San Mateo, 25:31-46.

El Apocalipsis vuelve una y otra vez al pecado de Adán (ese arquetipo del pecado que, recordemos, es también el pecado actual de algún *Adán* de todos los tiempos, único verdadero mal porque es dar la espalda a Dios y a la Vida) y el propio Apocalipsis cuenta y repite la promesa divina del envío del Salvador, la espera veterotestamentaria, su venida y su encarnación y muerte (el «cordero degollado») y su resurrección triunfador sobre el mal del pecado (el «cordero degollado *que está en pie*»). Por tanto, gracias a Jesucristo, la cristosfera del padre Pierre puede estar ya aquí en el mismo corazón humano. Hemos visto que la teología de Teilhard se remite a San Pablo y sin embargo el apóstol de los gentiles se refiere aquí a Cristo, Salvador desde su propia muerte y resurrección, y a su inesperada e impredecible (como también sabemos por los Evangelios) Parusía final con la espiritualización en Dios en ese momento, no con el paso del tiempo, de los salvados y de todo lo creado, aquello creado que él, Dios, en el Génesis, había juzgado «bueno» antes del pecado de Adán. En otras palabras, no era una regeneración progresiva de la materia en el espíritu, evolutivamente, sino una apocatástasis concluyente, una espiritualización instantánea de todo lo creado en Dios-Hijo, gracias a su sacrificio en la cruz en la historia, en torno al año 30, del mismo Jesús Salvador.

Sin embargo la sabiduría evangélica sabe que cada *adán*, hombre o mujer, tenderá siempre al pecado en todas las generaciones hasta el último día de la humanidad, porque lleva en sí el animal y, por eso, como afirma San Pablo, la persona es, sobre esta tierra, un cuerpo animal psíquico, lo que equivale a decir un cuerpo que aunque sea perteneciente físicamente al reino animal, cuyo egoísmo bestial constituye un defecto de origen, del que sin embargo, según el cristianismo, el Hijo ha venido a liberarle. Y la misma sabiduría sabe, al mismo tiempo, que todo ser humano tiende a la santidad, hoy, ayer y anteayer: la persona individual de todas las generaciones, ya sea cristiana o no con tal de que actúe de buena fe y por el bien del prójimo (San Pablo[67] y el Concilio Vaticano II[68]) puede alcanzar la santidad. Así que Dios anhela que se santifiquen, como nos dice el apóstol de los gentiles.[69] Y así ha sido para tantísimos santos, tanto para los que están en los altares, como, entre otros muchos, el exfornicador y vicioso San Agustín y el antes ambicioso, vacuo y holgazán San Francisco de Asís, como para los muchísimos de otros tiempos para nosotros desconocidos: del

---

[67]"Dios es el Salvador de todos los hombres, pero sobre todo de los creyentes (Primera Epístola a Timoteo, 4:10); por tanto, sí, en primer lugar están los creyentes, pero no están solo los creyentes.

[68]De este concilio se pueden recordar al respecto en particular las siguientes proclamaciones de los obispos conciliares: la constitución pastoral *Gaudium et spes*, 22; la constitución dogmática *Lumen Gentium*, 16: ahí se afirma sustancialmente que, gracias a la muerte redentora y la resurrección de Cristo realizada para todos, las personas justas no cristianas se orientan de hecho, aunque no sea conscientemente, hacia esa Iglesia más amplia que es conocida solo por Dios, que Jesucristo es el único Mediador-Salvador de todos los seres humanos de todos los tiempos. Por tanto, puede salvarse tanto quien no lo conoce como quien de buena fe no lo reconoce como salvador porque no se le ha explicado bien su figura.

[69]"Dios, nuestro salvador, quien quiere que todos los hombres sean salvos y lleguen al conocimiento de la verdad" (Primera Epístola a Timoteo, 2:3-4).

pecado a la santidad del corazón, un camino de la persona individual con la ayuda divina, no de la especie *Homo sapiens sapiens*.

10
Una perspectiva grandiosa: la divinización del singular Homo sapiens sapiens

Para los evolucionistas cristianos, la plasmación del Hombre en el curso del tiempo a través de la ley divina de la evolución se puede entender de una manera simbólica en el Génesis: Adán es modelado el sexto *día* por el Creador usando la materia que el mismo Dios ha creado previamente.

El pecado del Génesis de Adán hombre y mujer es el arquetipo del pecado de todos los seres humanos en la Historia. Tras el primer pecado, en el momento de la expulsión de la pareja primigenia del Edén hacia el sufrimiento y la muerte, se produjo la promesa de Dios de enviar un Salvador que aplastará la cabeza del pecado y de la misma muerte, es decir, que consentirá a aquellos seres humanos que deseen a Dios ascender a su Ser aunque hayan sido pecadores.

> Todo ser humanos tiene defectos, ya sean pocos o muchos, es decir, que según la óptica cristiana peca con respecto a las decisiones y acciones morales ejemplares de hombre Jesús. Está en la experiencia de cualquier persona la lucha íntima entre el deseo de actuar eligiendo el bien, sabiendo

que es lo justo, y el impulso de elegir egoístamente, podríamos decir bestialmente, de hacer lo que nos es cómodo incluso cuando va en contra del bien de otros, como en el caso de la agresión a otro, o cuando va contra nuestro propio bien, como en el caso de decisiones que van contra nuestra salud.[70] En todas las sociedades predomina aquello que en sus *Pensamientos* el matemático, físico y teólogo Blaise Pascal llamaba la «segunda naturaleza» humana. Pero desde una óptica evolucionista teísta, tal vez podría hablarse de «primera naturaleza» o «naturaleza bestial original», heredada de los antepasados animales. El hecho es que ser creados con capacidad de pensar y de aspirar a Dios de querer el bien no elimina la tentación hacia el mal que viene físicamente de la carne (o bien, teológicamente, del diablo, que actúa sobre la debilidad de la carne) porque la tentación es una condición ineludible de la libertad humana, la cual consiste en elegir moral o inmoralmente: sin nuestra debilidad carnal no sufriríamos tentaciones, pero sin tentaciones no tendríamos la liberta de elección moral o no y seríamos por tanto marionetas de Dios son valor, lo que es evidentemente un hipótesis absurda para el

---

[70]La prevalencia de las malas decisiones sobre la buenas se expresa de forma sintética por el mismo San Pablo en la Epístola a los Romanos en dos versículos: «Yo sé que en mí (a saber, en mi carne) no mora el bien. Porque el querer el bien está en mí, pero no el hacerlo. Porque no hago el bien que quiero sino, al contrario, el mal que no quiero» (Romanos, 7:18-19); «pero», dice también San Pablo en la misma epístola, «cuanto se agrandó el pecado sobreabundó la gracia» (Romanos, 5:20) a consecuencia de la Redención, por lo que la bestialidad original, gracias a Cristo, el ser humano que desee divinizarse es admitido en el Ser eterno después de la muerte.

creyente, dado que según las Revelación el Dios cristiano es bueno se nos presenta en el Evangelio por Jesús, en una analogía fácil de entender, como padre amoroso: es el Padre, no el patrón.

Siempre según los evolucionistas cristianos, más allá de la alegoría bíblica, la primera pareja del género *Homo sapiens sapiens* viene al mundo tras la *plasmación* divina de la materia en la evolución, pasando de la materia bruta inanimada a las primeras bacterias del *caldo primordial* y luego pasando por diversos animales cada vez más complejos y por tanto por los homínidos, ninguno de ellos dotado de alma-psique y saltando (sin ningún ser intermedio) al hombre dotado de alma hecho «a imagen y semejanza» de Dios y, ya en la Historia, llegando a la concepción del hombre-Dios Jesucristo, el Salvador, el punto más alto de la humanidad, el cual abrió la posibilidad de todos de ser divinizados: la Epístola a los Hebreos del Nuevo Testamento dice: «Pues tanto el que santifica como los que son santificados, todos provienen de uno. Por esta razón, él no se avergüenza de llamarlos hermanos».[71] El cuerpo del primer *Homo sapiens sapiens*, de Adán pecador, no es distinto del de Jesús de Nazaret, siempre victorioso sobre cualquier tentación personal y Salvador de los demás hombres: como él mismo

---

[71]Hebreos, 2:11.

dice en el cuarto Evangelio, «Y yo, cuando sea levantado de la tierra, atraeré a todos a mí mismo».[72] Y según la Primera Epístola de Juan, tras la muerte «seremos semejantes a él porque lo veremos tal como él es».[73] Para San Pablo, «Todo fue creado por medio de él y para él».[74]

---

[72] Juan 12:32.

[73] «Amados, ahora somos hijos de Dios, y aún no se ha manifestado lo que seremos. Pero sabemos que, cuando él sea manifestado, **seremos semejantes a él** porque lo veremos tal como él es» (1 Juan, 3:2). Se suele decir también que seremos divinizados, o bien que, aunque manteniendo nuestra personalidad, serremos divinos en la segunda Persona de Dios, el Cristo eterno, gracias a los méritos de Cristo encarnado.

[74] Él nos ha librado de la autoridad de las tinieblas y nos ha trasladado al reino de su Hijo amado, en quien tenemos redención, el perdón de los pecados. Él es la imagen del Dios invisible; el primogénito de toda la creación porque en él fueron creadas todas las cosas que están en los cielos y en la tierra, visibles e invisibles, sean tronos, dominios, principados o autoridades. Todo fue creado por medio de él y para él. Él antecede a todas las cosas, y en él todas las cosas subsisten. Y, además, él es la cabeza del cuerpo que es la iglesia. Él es el principio, el primogénito de entre los muertos para que en todo él sea preeminente; por cuanto agradó al Padre que en él habitara toda plenitud y, por medio de él, reconciliar consigo mismo todas las cosas, tanto sobre la tierra como en los cielos, habiendo hecho la paz mediante la sangre de su cruz. A ustedes también, aunque en otro tiempo estaban apartados y eran enemigos por tener la mente ocupada en las malas obras, ahora los ha reconciliado en su cuerpo físico por medio de la muerte para presentarlos santos, sin mancha e irreprensibles delante de él; por cuanto permanecen fundados y firmes en la fe, sin ser removidos de la esperanza del evangelio que han oído, el cual ha sido predicado en toda la creación debajo del cielo. De este evangelio yo, Pablo, llegué a ser ministro». (Colosenses, 1:13-23).

Desde una perspectiva terrenal: ¿Una evolución posterior de la especie?

¿Tal vez se desarrolle otra especie a partir del *Homo sapiens sapiens*?

Según la ciencia, es posible, pero no es seguro, dadas las muchísimas especies extintas en el tiempo hasta hoy. Sin embargo, en caso de que fuera así no se trataría ya de Adán, sino de otro ser y el proyecto divino sobre aquel hipotético nuevo ser vivo sería algo que tendría relación con el género humano, Sin embargo, si se pone sobre el plano concreto de la fe cristiana, se considera que Dios es hombre en la segunda Persona y no una especie de ultrahombre.

> Según el Cristianismo, Dios es hombre glorioso *espiritual* en su eternidad sin principio y asume la materia encarnándose en la Historia y convirtiéndose, como nosotros en *Homo sapiens sapiens*, es decir, en un *cuerpo humano psíquico* segunda la Primera Epístola a los Corintios paulina, luego con su muerte y resurrección llama su trascendente eterno a todo ser humano que lo desee, el cual es transformado, gracias a él, de un cuerpo humano material psíquico en un cuerpo humano (o persona) glorioso espiritual como el de Cristo eterno.[75]

---
[75]Cf. *È Uomo*, op. cit

Se deduce que al fiel le lleva a pensar que la especie humana no evolucionará más, sino que sencillamente se extinguirá como tantísimas otras: el fin bíblico del mundo no será tanto el fin del cosmos, que podría todavía tardar miles de millones de años, sino el del género humano.

Desde una grandiosa perspectiva trascendente: la evolución del corazón único

Para la fe, la perspectiva de cualquier ser humano es gloriosa. Al haberse completado totalmente la Redención con la resurrección de Cristo, a cada persona le corresponde elegir si salvarse en Dios al morir, *evolucionando* a mejor en su espiritualidad, u odiar a Dios y a los demás seres humanos y elegir el *no Dios*, es decir, la nada, preferir materialistamente la condena propia, el acabar en la muerte eterna como una lombriz o una hormiga, volver para siempre a esa nada de la que el Creador nos sacó a cada uno de nosotros.[76]

---

[76] Evidentemente, si se omite la visión del infierno vivido eternamente en Dios según el platonismo cristiano (desde finales del siglo II, no antes) y si nos basamos en el Nuevo Testamento, que emana de la predicación clásica de la Iglesia de los orígenes por la cual el pecador impenitente, el condenado, sencillamente no resucitaba. Se considera desde la fe que no existe *nada* fuera de Dios, por lo que no podría haber un infierno salvo en Dios, el «sumo bien sin ningún mal». Para profundizar, se puede ver de este mismo autor *Diavolo e demòni (un approccio storico), saggio.*

www.ingramcontent.com/pod-product-compliance
Lightning Source LLC
Chambersburg PA
CBHW050059230526
45470CB00004B/1593